动物医院
基本临床技术

日本临床兽医学论坛会长　石田卓夫　主编

任晓明　　译

中国农业科学技术出版社

请 注 意

关于本书中的处置方法、治疗方法以及用药剂量等内容，是依据兽医学知识的最新进展来确定的。不过在实际病例应用时，各位兽医师必须担负责任，对于剂量等事项认真核对，谨慎从事。

译者的话

　　在城市化进程加快的中国，人口老龄化、家庭空巢化的进程也在同步加快。传统幸福家庭标志的四世同堂，儿孙绕膝的状况正在被孤独寂寞的二老或孤老家庭所取代。最近刚出台的"常回家看看"的法律条文也正是在这种大背景下提出的。能够慰藉老人寂寞与孤独的伴侣动物不仅已经成为了家庭成员，而且正在或即将扮演着和谐家庭的重要角色。因此，伴侣动物或宠物医疗，不仅担负着保护动物健康的重要任务，而且也是建设和谐社会的工作内容之一。

　　宠物临床医疗的重要任务是防治动物疾病和保障动物健康。而达到此目的就要依靠过硬的临床技术来实现。因此，加强临床操作技术的学习和训练不仅是从事宠物临床医疗工作人员的重要任务，也是动物医学教育的重要内容。因此，本书不仅可作为从事宠物临床医疗工作人员的实用手册，也可作为培养应用型动物医学人才的临床技术参考书。

　　我国目前还没有动物医院护士这一独立的技术系列，但是，在没获得《执业兽医师资格证书》之前宠物临床医疗专业人员，一般都要先从临床医疗辅助或护理工作开始，即本书所指的动物医院护士工作。作为这些人员的案头技术手册，本书是实用性很强的工具书。

　　另外，临床兽医师的主要工作是预防、诊断和治疗动物疾病，并对临床辅助工作人员提供技术指导。打铁先要自身硬，只有自己熟练掌握了所有的临床操作技术，才能提出正确、可行的技术工作指导意见。在这个意义上讲，本书也不失为兽医师的一本很实用的临床应用技术参考书。

　　翻译是再创作。因此，翻译工作是一项专业性很强的辛苦工作。虽然译者在炎热夏季挥汗奋战了一个月译出了本书，然而由于时间紧迫，加之本人才疏学浅，书中的错误与疏漏在所难免，恭请诸位业内贤达不吝赐教，以正谬误。

　　全书由任晓明翻译、统稿。在翻译过程中北京农学院研究生陆相嵩、孙斯贤在文字录入上给予了很大帮助，夫人孙桂新在统稿过程中提出了中肯建议，在此一并感谢。

任晓明
2013 年仲夏于北京

序　言

　　我们从事动物医学工作的使命是对动物施以医疗救护和抚慰爱护动物人们的心灵，并以此贡献于社会。我们必须思考能为动物们做些什么？能为社会做些什么？以此为基础来从事我们的工作。

　　我想多数人是因为喜欢动物才来动物医院做护士工作的，这是理所当然的。比这更重要的是还应当怀有对人的关爱情感来担当这份工作。动物医院护士工作是介于兽医师和动物之间，或者兽医师和动物主人之间的工作。因此，必须对动物和人们都要有仁爱之心。相比和兽医师的沟通，动物主人好像更乐意和动物医院护士交流。如此看来，能够沟通，而且比兽医师更善于沟通，应该是动物医院护士工作的重要内容。

　　为了能够进行好的沟通，努力锻炼是必要的。然而，要想达到和动物及动物主人很好地沟通与交流的境界，没有对动物和人们的博爱之心是不可能做到的。这种博爱之心不可能从教科书里读出来，而是感悟出来的。自己工作获得了喜悦，他人也一定会被感染；自己的动物从谁那里获得了喜悦，大家也都会跟着一块儿高兴。因此，在动物诊疗或护理当中秉持"爱心传递、将心比心"的心态是非常重要的。这样的心态一定会传递给动物及其主人。

　　护士的工作是非常辛苦的，有时可能到了完全无暇顾及自己的身体健康及学习的地步。尽管如此，为了完成出色的护理工作，一定不要忘记努力学习，锻炼自己，苦尽甘来才能实现自己的幸福人生。请记住这是做好工作的第一步。殷切希望护士们能在休息时酝酿感情，在工作时发自内心地给动物及其主人们传递爱心。

石田卓夫

日本临床兽医学论坛会长　社团法人

2007 年 9 月

目　录

1	何谓动物与人的相互依存关系	石田卓夫	2
2	动物医院护士是什么样的工作	苅谷和广	4
3	小狗的护理（预防接种·饮食·调教）	村田香织	8
4	采血、注射和保定法	吉村德裕	14
5	兔子的保定	柴内晶子	20
6	粪便检查和尿检查	草野道夫	26
7	血液涂片样本的检查要点	石田卓夫	32
8	细胞检查中发现异常细胞如何处置	石田卓夫	42
9	定期健康诊断和术前检查	竹内和义	52
10	向检查中心移送样本的方法	打江和歌子	62
11	X线检查和保定	茅沼秀树	70
12	小狗的护理（预防接种·饮食·调教）	石田卓夫	83
13	眼科检查和点眼时的技术要点	安部胜裕	86
14	齿科处理后的看护和家庭护理的指导	户田　功	94
15	术后观察和评价	长江秀之	100
16	动物医院护士应该掌握的创伤治疗知识	山本刚和	106
17	输液的配制方法和留置针的管理	大村知之	112
18	调剂法的基础	竹内和义	120
19	食疗法的应用	竹中惠子	128
20	急诊时的应对	入江充洋	136
21	决定输血	内田惠子	142
22	抗癌药以及向动物主人说明	山下时明	148
	索引		153
	执笔者一览		155

何谓动物与人的相互依存关系

开头语

"曾经被拉到院子里的宠物已经建起了巢穴"（Marty Becker），"像猫、狗在家里共同生活的家庭来自女人的努力"（Bruce Fogle）。像上述语言描述的那样，现在家庭饲养的动物已经超越了单纯的宠物的概念，已经获得了伴侣动物的地位。

这是由于社会对动物的认识态度发生了改变，社会已经认识到了动物的重要性和价值。所谓伴侣动物是指像人的忠实朋友、家庭成员、伴侣一样一起生活的动物们。伴侣动物接受正确的调教与护理，再加上兽医学的专业监护是十分重要的。这些动物们是与人们幸福生活密不可分的伙伴，充分了解动物的习惯和行为，清楚知道这些动物和人的共患传染病，人的健康与安全也就有了保障。以这样的观念来定义伴侣动物，狗、猫、兔子以及马当列其中。

对于伴侣动物的兽医学专业医护，不是单纯的动物患病了进行治疗，而是把动物作为家庭的一员，进行所有的健康管理工作。兽医学的全体同仁担负这样的责任，把服务对象的动物们定义为伴侣动物。

动物与人的相互依存关系

一般把人们和伴侣动物之间的纽带关系叫做动物与人的相互依存关系。实际上这种纽带关系包含着对人类社会以及动物两方面的影响或意义，将这种对双方都有的影响或意义定义为动物与人的相互依存关系较为多见。

我们应该重新认识由于伴侣动物的存在，使老人身边有了爱的生命的重要意义。它不单单是减轻了寂寞与孤独感，而且人们还知道有了动物做媒介，带来了扩展友人、亲属关系的良好效果。就是说，我们应该认为伴侣动物发挥了社会润滑剂的作用。

比如，一个人在公园椅子上坐着的时候，相比啥也不带坐着，拿着书坐着，听着音乐播放器坐着以及有动物陪伴坐着的时候，别人过来搭话最多的是有动物陪伴的场合。

另外，人们注意到，65岁以上一个人生活的老人养植花草或饲养小鸟时，养鸟过程更能改善体力，会有更多的到访者。即使对行动不便的人来说，伴侣动物不只是作为保障他们安全的伴侣存在，而且好像还有增进兴趣相投的人们相互交流的功效。

就是说，不能不说由于伴侣动物进入了人与人之间的生活空间，引导出了人们的亲善之心和愉快的心情，改善了人们的相互之间的友好关系。更有人认为，伴侣动物具有促进小孩大脑发育的效果，特别是对于不具有母性本能的男人来说，饲养伴侣动物能培育仁爱之心或者怜悯之情，从这个意义上来说也是很重要的。

动物对于人的医学方面的功效，也进行了大量的研究。在有关心脏病发作后入院患者的调查中发现，在和动物一起生活条件下，一年以上生存率在统计学意义上明显增高。这是因为在动物的抚慰下，使心搏数、血压趋于稳定，加之促进了适度运动等，因此，获得了较好效果。

然而，因为不能不说纽带的作用是双方面的，不能只是一味追求人们自身的感受来和动物一起生活吧，由于人的照顾、关爱与否，肯定会给动物带来各种各样的应激或是医学方面的影响，我们知道，由于形成了人与动物的纽带关系，对动物的心搏数、血压也会产生好的影响。

因此，必须认识到，所谓人和动物的相互依存关系是具有关乎人和动物双方的教育、福祉以及医疗等的重要意义，正是因为这种有效的相互作用关系的结果，才保证了人们和动物们的幸福生活。在关乎人们福祉方面，是指具有增进人们的精神健康的意义，促进老人或小孩和动物共同生活，进行各种各样的有动物参与（AAA）的活动。

另一方面，在有关动物福祉方面应该以动物医院为主开展以下的工作，比如防止不希望发生的动物妊娠情况，给流浪动物寻找新的合适的归宿等。

作为在医疗层面的人和动物相互依存关系，在医疗现场已经开始了在医生指导下的动物介导疗法（AAT），而真正的AAT要选择合适的动物加上动物的潘多拉神话的作用，而有医生的参与是必须的。医生在专业动物介导疗法的协助下制作项目实施计划。作为该计划参与者的兽医师，一方面的工作是训练、选择及提供安全性有保障的动物及动物关系者。此外，兽医师还要在医疗现场进行以提高患者精神健康为目的的动物介导工作。

这项工作还体现在患者在入院治疗、康复护理等过程中利用人和动物相互依存关系而提高疗效。由于动物的存在，患者会觉得在这个世界上可能还有谁需要我的存在，自然而然地改善患者的消极厌世情绪。并且，对于患者及家属等为了提高精神生活品质而发挥动物的介导作用。另外，为动物本身健康的医疗行为当然是动物医院的本职工作，然而，动物主人将动物带来医院的行为本身，也属于人和动物相互依存关系的应用范畴。

在早期教育方面，人们已经认识到经常和动物接触或互动对孩子的大脑发育有促进作用。因此，称为动物介导教育（AAE）的活动，通过和动物共同生活或者与动物的接触、互动，利用动物进行孩子的早期教育活动也开展起来了。动物的教育，是指经过训导、培驯使动物成为社会的一员。因而动物的社会化，动物训导教育机制，动物不良行为的预防和治疗等也作为伴侣动物医疗的一个组成部分而开展起来了。

动物的福祉和医疗

保障动物的健康、长寿是伴侣动物兽医学的目的，其中，在动物健康管理方面有很多必须进行的工作。可是，到目前为止的兽医学是以产业动物兽医学为核心发展起来的。实际情况是所谓动物健康管理，除了预防病原微生物感染及控制寄生虫及寄生虫病以外的其他内容几乎还未涉及。就兽医学本来的意义上讲，是在动物患病后进行治疗的应对兽医学。

另外一方面，在以美国为中心很早以前就取得长足进步的伴侣动物医疗中，广泛引入了动物的"维持健康状态"理念，所谓维持健康状态是指"维持好的状态"。在这个意义上将维持健康状态定义为没有严重疾病，长久地不发生有关生命或者人与动物相互依存关系的任何异常状态。换言之，从预防方面讲完全没有可能发生异常的状态称为维持健康状态，相对应的，如果发生了异常情况就定义为"非维持健康状态"。

这里所说的"异常"，是指传染病，寄生虫感染，营养过剩，营养不良，齿科疾病，被毛异常，遗传性疾病，行为学方面的问题，以及其他可能进行预防的异常情况。人们认识到在具有预防某种疾病的知识和

技术而不去实施叫做"不作为"，而现在以美国为中心正在推进动物的维持健康状态方案，而在动物主人群体中也十分强烈希望实施动物的维持健康状态方案，并已形成风气。即使不是真的患病，没有发生危害人和动物的相互依存关系的行为，也仍然应该用维持健康状态的方法来防止问题的发生。所谓发生危害人和动物的相互依存关系，也意味着缩短动物的寿命（用安乐死等方法结束动物生命）。在这个意义上来讲，伴侣动物医疗的工作范围应该涵盖传染病的预防及行为学方面的工作，保护动物的生命安全，并且这些方面的工作具有同等的意义。

兽医师具有预防这些疾患的知识、能力及技术，并为此而接受专业培训。因此，兽医师肩负着预防动物疾病的责任。就是说，对于能够预防的疾病进行预防，同时促进伴侣动物的健康，我们认为对于伴侣动物开展最优质的工作是兽医师伦理上的责任。和兽医师一起共同拥有人和动物相互依存的理念，全面协助兽医师的工作即为动物医院护士的职责。

健康状态管理的特征是促使动物主人在动物健康情况下带着动物前来动物医院，即实施治病策略。健康状态管理对于动物来讲是最好的保健方式，对于动物主人来讲也是最好的动物医疗方式。动物医院作为健康状态管理计划的一环，实施诸如疫苗接种，调教训导，饮食指导等工作。就是说，动物医院提供称为健康状态管理的综合服务保障。所谓综合服务保障是囊括动物用品、调教训导及服务指导的一揽子服务措施，依靠动物医院提供的一揽子服务措施，祈望动物获得长久且美好的一生，为实现人与动物更好的相互依存关系而作出贡献。在这项健康状态管理计划中，动物医院护士扮演着重要及中心角色。

结束语

当人们问到做什么样的工作时，请挺起胸膛自豪地回答"从事有关人与动物相互依存方面的工作"吧，通过人与动物相互依存来贡献于社会，我想如果抱着这样的心态去工作,那么工作将成为一件快乐的事情。

石田卓夫
日本临床兽医学论坛会长　一般社团法人
赤坂动物医院　医疗主管

动物医院护士是什么样的工作

开头语

动物医院护士工作内容是多种多样的。根据不同的动物医院对护士工作的要求或者限制事项有所不同。然而，动物医院护士是在实施小动物诊疗中不可缺少的一员。这种认识不只局限于动物医疗界，也得到了社会层面的广泛认同。

与动物主人的交流

在这里，简要介绍一下我们动物医院护士的工作。大体上分为前台，诊疗与观察，出诊治疗，依处方抓药，检查，院内治疗，手术助手等工作。当工作人员多的时候进行工作细分，人手少的时候也有兼顾其他业务的情况。

无论如何，划分为若干部分是由动物医院的工作性质决定的，即动物医院的工作目标是拯救动物的生命和减轻动物的痛苦，消除动物主人的担心，使动物和人们都享受快乐而幸福的生活。所以，无论哪部分的工作，都要为了达成共同的目标而进行工作。

在这里将要介绍各种工作程序，在动物医院就是按照程序要求进行操作，故尽快熟记工作内容是十分重要的。这里列举的程序可以引入到你们自己的动物医院里面，但是，哪些地方需要修正后加以使用，要进行认真思考，琢磨出符合实际情况的更好程序并在实际中加以尝试，这是最重要的。

另外，动物医院护士介于动物主人和兽医师之间，进行周密而细致的协调与沟通工作，尤其在临床诊疗现场是十分必要的。因为前述的原因，希望护士们参考兽医师或动物医院护士专用词典在临床诊疗现场使用必要的用语，正确理解意图并达成共识。

前台是诊疗服务的第一线

前台职位是动物医院护士之外的专门职位，或者由经验丰富的动物医院护士兼任的情况也很多见。该职位应该擅长与人们沟通，具有丰富知识，熟悉动物医院的整体情况，具备妥善处置各种事态的能力。前台的作用在于给予动物主人良好的第一印象。就是说，前台入口，接待室，诊疗室具有样板功能，使动物主

人目及所至就能窥一斑而见全局。

前台的工作人员处于直接了解动物主人需求的位置，因此，对于动物主人来讲特别敏感。前台应该很好理解动物主人来院时的真正的需求。领会动物主人进出医院表情的含义，要使动物主人具有来这家动物医院真的来对了的感觉。因此说，前台是动物诊疗服务的第一线。

诊疗或是治疗是服务的第二线

服务的第二线是以诊疗或以治疗为核心的主要环节。但是也可能有这种情况，比如，医院院长或兽医师以及其他工作人员正好今天的情绪不好，想早些结束工作，想先干自己的事，对本应该很好完成的服务第二线工作产生了过多不满情绪时，前台就会受到很大压力。结果，来自其他工作人员的负面压力使前台的情绪低落，这种负面情绪扩散到了全体工作人员当中。这样一来，只能是导致动物主人不愿意再来这家动物医院就诊了。

为了不发生上述情况，要充分认识到，直接了解动物主人需求的前台是服务的第一线，而作为支撑满足动物主人需求的是服务的第二线，这些要得到全体职员的充分理解与尊重，否则，动物医院不会有很好的发展。

业务程序化

为了细分业务，关于日常的工作内容最好做成一目了然的程序表，并集中要点。当然，各个动物医院的工作内容有所不同。这里介绍的基本技术内容是特别重要的部分，大家可以结合自己动物医院的实际情况重新加以整理应用。

5H2W 的使用方法

在这里请理解叫做 5H2W 的工作规程的制作方法，要掌握基本要点。实际上，当我们思考什么新的想法时，有多少人使用过 5H2W 工作法呢？如果确立了工作程序，使工作内容变成一目了然的话，不但能教会别的工作人员变得更容易，而且自己工作起来也

更方便。并且，教了一遍的工作，只要照着工作规程去操作，就会大大减少再去询问其他工作人员的情况。制作工作规程的人要使规程制作高度集成化，要努力提高自身的技术水准，这是十分重要的。

如果熟悉了5W2H方法，任何地方都可以应用。WHEN是指何时，WHERE是指何处，WHO是指谁，WHY是指为什么，WHAT是指做什么，HOW是指如何，HOW LONG是指多长时间，这些是要点。在制作5W2H标题时，如果能制作目录的话就更容易理解了。

我想对善于有新思维、新思路的诸位，时不时就会在脑海中浮现出一些新的创意、新的想法。

联络照会

所谓联络照会是由动物医院向动物主人发出的确认报告。来院就诊3d，或者7d兽医师或者护士与动物主人电话联系，确认动物的状态。或者，在进行手术的前两天和动物主人用电话联系确认明天是手术预定日，确认实施禁食等事项。这是提高和动物主人联络与沟通质量的有效手段。因此，希望确立为动物医院护士的一项工作。

各种会议的安排

动物医院护士人员，还有一项工作是为动物医院安排各种会议。例如，动物医院护士人员会议，每月几次的动物医院护士和兽医师的会议，聚餐会等，抱着解决问题的诚意进行积极地讨论与对话，以增强动物医院的整体活力。

结束语

本书《动物医院基本临床技术》，为了使动物医院护士在诊疗现场不出现手足无措局面，精选了22个题目进行介绍，非常希望根据自己动物医院的实际情况整理书中介绍的技术和方法，将工作程序简明化并加以灵活运用。

苅谷和广（AC大厦苅谷动物医院）

AC 大厦苅谷动物医院操作规程实例 1

业务名称：丝虫抗原检查（压片法）

[工作目的]

WHEN   ：提出检查时间
WHERE   ：诊疗室 / 检查室
WHO   ：动物医院护士
HOW LONG ：8min

[用具]

锁扣盖片，HW 反应试剂，样本（全血），移液枪，微量试管，计时器

[顺序 / 工作流程]

1. 用移液枪抽取全血 2 滴移入微量试管，滴入 5 滴反应试剂。
2. 颠倒 10~15 次，充分混匀。
3. 向锁扣盖片本体样本池内全量注入 2 滴。
4. 使液体渗透至锁扣盖片全部，当发生变色时用力压盖片。
5. 静止 8min 后判定结果。

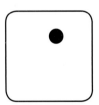 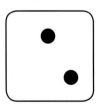 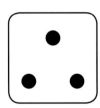

[注意事项]

• 使盖片完全呈水平后再施压。
• 在检查中锁扣盖片本体需保持水平。
• 盖片本体检查结果让动物主人看看为好。

业务名称：和动物主人的基本应对，进行问诊

[工作目的]

WHEN　　　　：问诊时

WHERE　　　 ：检查室

WHO　　　　 ：动物医院护士

HOW LONG　 ：10min

[用具]

病例登记用纸，动物玩具，记录用品

[顺序 / 工作流程]

1. 对前来就诊的动物主人必须致以问候并介绍自己。

"您好，在医生检查之前需要了解一些情况，我是本院护士○○○。请多关照。"要面带微笑讲话。

2. 一边叫动物的名字，一边抚摸着动物说"你好！"（如果发现有值得表扬之处加以赞赏）。

几乎所有的动物主人都不讨厌别人触摸动物，但也有个别例外，故请注意。

3. 征得动物主人同意后，给动物玩具。

狗：狗玩具，猫：猫玩具等。

注意：绝食，呕吐，食物过敏等场合不要进行上述操作。

4. 进行问诊时要详细询问有关问题，仔细听取主人介绍。

进行病例登记期间也最好时不时看一下动物主人的脸或眼睛。

最好一边仔细听取动物主人介绍一边应答为好（营造气氛融洽的语境十分重要）。

确认主诉，病史（健康体检，预防接种，疾病，外伤等）。

"今天宝贝怎么了？""是从什么时间开始的呀？"

如果在别的医院进行过治疗，要了解用药情况。

5. 语言的使用，要使用敬语或敬谦语

×"～这样行吗？" → "这样可以吗？"

×"～给我这样弄吧" → "帮我这样弄一下可以吗？"等

6. 赞美动物主人十分重要。

7. 当离开检查室时，要说一声"下面请医生过来，请稍候"。

8. 如果在医生不能马上进入检查室的场合，要一边和动物主人说话一边等待。

要注意不能撇下动物主人一个人等候。

同时，根据预想的处置进行相应的准备工作。

小狗的护理（ 预防接种·饮食·调教 ）

建议

　　伴侣动物作为家庭成员，饲养管理动物工作是非常重要的。对于担负这个重要责任的人来说，和自己直接相关的就是动物的健康管理和饮食管理以及调教动物，也是最感兴趣的部分。特别是对于刚开始饲养小狗的人来说，会遇到很多问题和烦恼，最希望获得专家们的更多建议。

　　长成大狗以后就很难改变它的生活习惯以及不良行为了，预防这些问题的发生是非常重要的。因此，小狗阶段的饲养、调教是特别重要的。对于这些内容如果护士能够很好应对的话，不仅医生们可以专心于疾病的诊断、治疗，动物主人们也更高兴获得来自身边专家的动物医院护士的建议（图 3-1）。

图 3-1　来自护士的建议

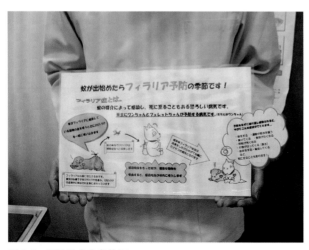

图 3-2　预防丝虫病宣传画

备品

● 小狗喜欢的物品：在诊察室备好小狗喜欢吃的东西
以下是为动物主人准备的物品
● 教育用宣传画：
要准备方便护士说明用的有关预防接种计划的漫画（图 3-2）
● 教育用印刷品：
对于经常出现的问题，在向主人说明的同时，要备好动物主人拿回家阅读的印刷品（图 3-3）
● 装资料用文件夹：
健康管理，饮食管理，调教等有关小狗主人必需的有关资料要整理成文件夹，并交给动物主人，将疫苗、犬丝虫预防药品说明，推荐使用的小狗综合营养食谱等文件一同放入文件夹（图 3-4）
● 谈话记录：
将进行了什么内容的谈话做成确认提纲，贴在病历上

技术顺序

1. 预防接种

（1）疫苗接种

疫苗的种类大体上可分为两种（联合疫苗和狂犬病疫苗），下面就小狗的疫苗接种时期等事项说明。混合疫苗是预防犬瘟热，犬细小病毒感染症，冠状病毒感染症，腺病毒，犬传染性肝炎，钩端螺旋体感染症等疾病的疫苗，如果感染、发生了这些疾病会造成很高的死亡率，因此，必须加以预防，这点一定和动物主人讲清楚。

另外，虽然现在日本已经没有发生狂犬病的报道了，可是在国外还多有发生，因此，还可能由于进口动物而带来本病，并且，本病不但是犬的疾病，而且还可以传染给人，还是致死性的可怕疾病，所以有预防的必要，对于这点要寻求动物主人的理解。

（2）犬丝虫病的预防

要让动物主人知道犬丝虫病是由犬丝虫寄生于心脏而引起的致死率很高的一种疾病，另外，该病是由蚊子传播的。因此，为了预防该病，在每年蚊子出现的季节要通过给狗口服药等方法来预防犬丝虫病。

（3）口腔保健

犬虽然很少发生龋齿的情况，但牙周病的发生率很高。要让动物主人知道，牙周病不但会造成口腔的不舒服感觉、疼痛或者成为口臭的原因，而且牙周病菌可随血液循环进入肾脏、肝脏及心脏等全身脏器造成严重后果。和人一样，为了健康长寿，牙齿的健康非常重要。还要知道，当狗长大以后让其习惯于刷牙是件很困难的事情，因此，一定从小狗开始练习刷牙。

（4）跳蚤、蜱的预防

跳蚤、蜱等体外寄生虫，不但吸食狗的血液，而且螨还会引起过敏性皮炎等疾病，蜱还可充当病媒，有引起原虫性致死性贫血巴贝斯焦虫症的危险。

要让动物主人了解，在这些体外寄生虫活跃的初春至秋季期间，应该采取预防对策。

小狗啃咬的应对法

1. 平时不要用手或脚挑逗、玩耍小狗使其过度兴奋。

2. 使用玩具和小狗玩耍并且要有足够长的时间。

3. 和小狗接触，或者玩耍过程中被小狗咬了手脚时，要说"好疼"并缩回手脚，中断玩耍。为了让小狗更清楚地知道这样做是错误的，人要从屋里出去，出去时间要30秒以上，在相对较短的时间里反复这样做，用这种方法让狗知道如果咬人了，就不会跟它玩了。所有家庭成员每次都用相同的方法反复多次地重复。

4. 如果可能的话，让小狗和别的小狗一块儿玩效果会更好。

5. 估算小狗充分玩耍后疲劳的时间，以爱怜的，舒缓的态度抚摸小狗。以这样的方式调教小狗，使其以友好的方式和人交流，而不是用啃咬的方式。

枞树动物医院 078-861-2243

图 3-3　给动物主人的印刷品

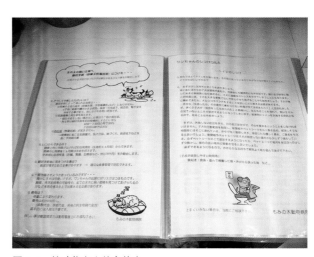

图 3-4　给动物主人的文件夹

图3-5　小狗用特制的给食容器

图3-6　幸福讲座

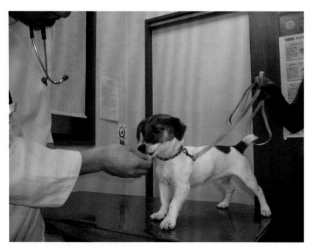

图3-7　幸福讲座。在诊疗台上的课程

（5）避孕、去势手术

很多动物主人担心经常给狗做手术是不是会缩短寿命，美国的一项调查表明，避孕、去势的犬平均寿命会延长。一般认为这是由于实施了避孕和去势手术，可以预防狗的很多生殖系统疾病的结果。要说明由于进行了避孕、去势手术，不但可以避免意外出生小狗死亡惨剧的发生，还有利于预防疾病以及矫正不良行为，故应劝说狗的主人让狗接受避孕、去势手术。

2. 饮食

（1）健康的喂食方法

如果根据"综合营养食物"推荐表给予小狗食物的话，可以满足所有的营养需求。选择可以信赖的厂家生产的综合营养食品，按照体重，依据规定，正确地给予小狗食物，经常给予小狗清洁的饮水并充分满足饮水需求为好。关于喂食次数，可依小狗的月龄和体重，从每日3~5回逐渐减少，到了6月龄左右就可以每天喂两次了。

另外，使用食物褒奖法调教小狗是非常有效的。不过要事先明确说明使用该法的质和量的问题。如果在综合营养食品以外给予小狗食物，给予应控制在每日应摄入能量的10%以内。给予主食的量，应是从总卡路里中减除的部分。

（2）调教小狗的给食方法

从调教角度来讲，喂食是重要的调教阶段。在喂食之前一定要发出明确的声音信号，要让动物主人明白，要让小狗遵照指令进行采食。

另外，进食时接近食物后立即狼吞虎咽，或者有护食行为的小狗，将来在采食过程中如果有人或其他动物接近就会有狂吠或攻击的危险。这时应将食物全部拿走，在采食过程中添加食物或是在采食正中间添加小狗最爱吃的食物。这样做的目的是要让小狗知道家里人接近食盘不是要拿走食物，而是在添加食物，还要添加更好吃的食物。

还有，不要在家人吃饭时直接从饭桌上给予小狗食物，以免养成不好习惯。要把小狗的食物放在特制的容器里再给它喂食，比每次往狗盘子里添食更好，这样可以减少应激，防止烦躁（图3-5）。

3. 调教

　　身体健康最重要的前提是心理健康。狗和人一样，身体和心理两者都健全，才能开始幸福而愉快的生活。

　　近年来在人的医学领域出现了越来越多的各种各样的心理疾病。人们在社会生活当中，如在职场或在学校环境中一定会遇到各种情况，有时会发生叫做适应障碍的应激反应。狗毕竟是狗，但在人们生活环境中的狗，必须要适应与狗原来的狗社会完全不同的人类社会生活环境。因此，狗经常会发生十分自然的行为，而人们却无法接受。

　　养狗的诸位，为了使小狗和家庭成员共同过上幸福的生活，在小狗这个适应性较高的阶段里，给予小狗适应人类社会生活且掌握社会属性的机会十分重要（图3-6）。并且在小狗生活过程中，主人有必要对其进行刷牙，洗漱等健康管理。对于疾病的早期发现，也可以通过主人的观察力以及和狗的适当接触、交流来实现。狗能否很快地接受这样的管理，与在小狗阶段的适应性训练密切相关。再者，为了防止狗的不良行为，家庭成员和狗进行适当的沟通与交流，构筑相互信赖关系也是很重要的。

　　为了将这些知识告诉给狗主人，在动物医院进行人与狗的幸福讲座的方式是最理想的。在狗的生活过程中，因为要预防和治疗各种各样的疾病会造访动物医院。在从小狗时期，把动物医院想成恐怖的地方和把动物医院当成快乐的地方，两者的差别是巨大的。比如，当真的发生疾病时，当来动物医院这个行为本身就成了很大的应激的话，在接下来的检查或治疗过程中就会伴随很大的痛苦，应激对疾病的康复也会产生不好的影响。

　　如果幸福讲座的担当者是动物医院的工作人员的话，在日后患病来院时，沟通情况会变得容易，且小狗也会很放心，诊疗效果也会非常好。担当幸福讲座的工作人员把小狗放在检查台上时，要一边夸奖一边抚摸。对动物医院没有戒备心的小狗会很快适应诊疗台，在上面享受赞美和抚摸，这样小狗就会非常喜欢动物医院了（图3-7）。

技术要点

● 小狗进入诊察室后，首先要和动物主人亲切寒暄。

● 在小狗局促不安时向主人建议给小狗喜欢的东西（图3-8）。

● 然后进行轻柔地听诊，体温检测，接种疫苗等操作（图3-9）。

● 处置完后再次给予小狗喜欢的东西，消除抵触情绪。

● 当小狗心情好起来后再离开诊察室。

图3-8　建议赞美小狗

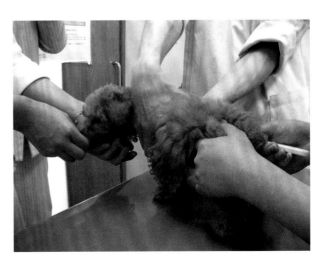

图3-9　一边赞美一边测体温

向动物主人传达的要点

预防接种
- 狗不会告诉主人身体不舒服。
- 为了健康长寿能够预防的疾病必须进行预防接种。
- 在日常生活中注意观察狗的状态。
- 要养成观察、触摸狗的习惯。

饲喂
- 以适当的量与次数给小狗营养平衡的食物。
- 综合营养食物以外的食物不超过 10%，而且这部分能量要从综合营养食物中减掉。
- 这些食物要作为调教时的奖励给予小狗。

调教
- 狗是和人类不同的动物。
- 理解并且不要逆反狗的天性，巧妙利用它的天性。这样的话就不会造成相互的应激且能够构筑友好关系。
- 以此为基础传授具体的调教方法。

为了不出错

1. 消除误解

　　教导动物主人的难点是，即使我们已经明确表达了意思，主人们也会经常不能很好地理解。由于动物主人往往都会在相同的部分发生误解，所以要记住在这些方面要反复多次加以说明。

　　比如，犬丝虫的预防药物，在很多的时候最后预定给药日天气已经变冷，此时蚊子已经不多了，那么动物主人就会有不给药也可以了的想法，这时一定要让动物主人知道，如果上次给药以后还有蚊子出现的话，就有感染的可能，在下次投药日即使已经没有了蚊子，但仍然有感染的可能，因此，必须继续服药加以预防。

2. 病例跟进（1~2 周）

　　再有，即使我们已经作了详尽的说明，动物主人也会经常出现错误的理解。例如，对于过度消瘦的小狗提出了食疗建议，数月后再来院已经变成了肥胖犬。如果发生了这类情况当如何处置？一般兽医师诊治后，都会要求动物主人再次来院复诊，以便确认治疗效果。与此相同，动物医院护士提出建议后，一定要养成跟踪随访的习惯。比如，"请一周后再测一下体重吧"，或是"两周后是什么情况咱们再联系一下吧"等。

　　当然具体问题需要具体对待。由于小狗生长速度很快，因此，应避免一个月这样长的观察时间。如果可能的话，应在一周或两周左右的时间内确认是否向好的方向发展了。之后也要养成跟踪随访的习惯。

3. 稳重、轻柔地进行接待

　　心中常记对小狗和主人用有爱心的方式进行接待。对于我们可能像日常茶饭的普通事情，而对于动物主人来讲也许都会不安和紧张。也可能成为他们终生难忘的记忆。

　　在很多情况下，让动物主人看出工作人员手忙脚乱时，常常是造成紧张情绪和不安的原因。因此，尽可能稳重地、轻柔地接待患病动物。在繁忙的日常工作中有意识地做到稳重且轻柔是件不轻松的事，努力刻意地做到这些，我想就能和动物主人以及动物构筑良好的医患关系。

　　即使在开始多花些时间，努力使来院就诊不再成为讨厌的事，为此目的用心接待动物，可以防止以后的诸多问题（如讨厌来动物医院，恐慌，形成攻击性等），结果倒是节约了时间和劳动。

　　由于构筑了良好的动物医院工作人员和动物主人的关系，更加容易在以后的预防和治疗中得到配合与协助。

村田香织（枞树动物医院）

动物医院护士资格认定

1. 社团法人日本动物医院福祉协会（JAHA）

JAHA 理解动物与人的相互依（HBA）存理念，以通过护理动物来贡献于社会的动物医院护士的培养，提高社会对动物医院护士的认知和动物医院护士的社会地位为目标，自 1990 年开始进行动物医院护士的认定工作。

资格认定分为 3 级至 1 级的 3 个层次，以每年一次的认定资格考试结果为依据进行认定，资格每 3 年进行一次更新。认定的内容如下。

3 级：能够理解并熟练操作动物医院护士工作，判定为可以胜任作为动物医院护士的业务工作的人员，自 2006 年 9 月到现在，3 级资格持有者为 1 212 名。

2 级：对于动物医院护士工作具有高度的知识和技能，判定为能够成为其他动物医院护士工作的典范人员。自 2006 年 9 月到现在，2 级资格持有者为 2 610 人。

1 级：判定为作为动物医院护士的指导者，具有相应的知识、技能和人格。自 2006 年 9 月到现在，1 级资格持有者为 69 人。

另外，经 JAHA 指定的动物医院护士培养学校毕业的学生，可以获得 JAHA 认定的 3 级或者 2 级动物医院护士资格。

所有指定的动物医院护士培养学校在认定之时，都必须经过对设施，设备条件，师资力量，教学时间等具体内容的严格审查，必须满足 JAHA 的严格认定标准。

关于咨询

社团法人日本动物医院福祉协会（JAHA）
邮编：162-0814，东京都新宿区新川小町 1-15
池田大楼 201，电话：03-3235-3251
FAX 03-3235-3277，http//www.jaha.or.jp

2. 日本小动物兽医师会（JSAVA）

JSAVA 将动物医院护士定义为：动物医院护士是在兽医师指导下，从事伤病动物的看护以及动物诊疗的辅助工作，加之随行指导动物卫生保健工作的人员。

关于动物医院护士的培养教育，设定了动物医院护士培养教育指定的教育机构，教育设施的严格认定标准。目前，通过认定的有 26 所学校，在认定之后还要督促其进一步充实培养内容和提高教学质量。

在 1989 年实施了首次动物医院护士认定资格考试，现在，通过动物医院护士资格认定的人数已经超过了 7 200 名。

关于咨询

日本小动物兽医师会（JSAVA）
邮编：105-0014，东京都港区芝 2-5-7 芝 JI 大楼 5 楼
电话：03-5419-8465，传真：03-5419-847
http//www.jsava,com

3. 日本动物看护学会

日本动物看护学会成立于 1995 年，以"将动物看护确立为一门学科"和"确立动物医院护士的社会地位"为目标开展活动，2007 年"动物医院护士资格认定考试"已经是第 6 次，参加考试人数为 408 名，合格者为 329 名，第 1 次至第 6 次考试合格总人数为 1 276 名。

关于咨询

日本动物看护学会
邮编：101-0063，东京都千代区神田淡路町 2-23
御茶水 2 楼
电话：03-5298-2850，传真：03-5298-2851

★（注）在这些认定机构当中，用语统一为"动物护士"

（编辑部）

采血、注射和保定法

建议

　　伴侣动物作为家庭成员，对其饲养管理动物工作是非常重要的。对于担负这个重要责任的人来说，和自己直接相关的就是动物的健康管理和饮食管理以及调教动物，也是最感兴趣的部分。特别是对于刚开始饲养小狗的人来说，会遇到很多问题和烦恼，最希望获得专家们的更多建议。

　　长成大狗以后就很难改变它的生活习惯以及不良行为了，预防这些问题的发生是非常重要的。因此，在小狗阶段的饲养、调教是特别重要的。对于这些内容如果护士能够很好应对的话，不仅医生们可以专心于疾病的诊断、治疗，动物主人们也更高兴获得来自身边专家的动物医院护士的建议。

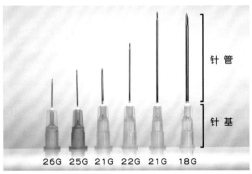

图 4-1　各种针头（图中上为针管，下面为针基）

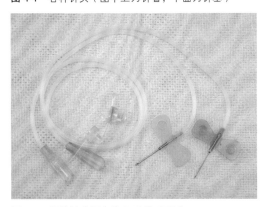

图 4-2　翼状针（图中为 21G 和 25G）

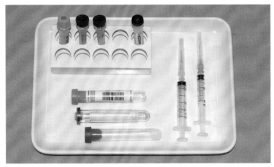

图 4-3　采血准备物品：除针管、针头之外，还要准备血液学、血液生化学、其他检查等使用的容器

采血备品

- 注射针（18~26G）（图 4-1）或翼状针（18~25G）（图 4-2）：针的粗细用 G 表示（G），长短用英寸（1 英寸 =2.5 厘米）表示
- 注射器（针筒）（1~60ml）
- 酒精棉球（采血时消毒用）
- 各种必备药剂或血液检查用的各种容器
- 依需要准备伊丽莎白项圈、胶带、口套等用具

技术顺序

1. 采血、注射

（1）重要备品的准备

　　准备病历（卡片），注射器，针头，药剂，盛血的各种容器，酒精棉球，托盘以及盛针头等污染物的容器等（图 4-3、图 4-4）。

（2）操作者手的消毒和保护

　　操作者的手臂要有保持卫生的习惯。同时，在操作有可能被感染的血液或不应接触的药物（抗癌药等）时要戴手套。

（3）各种确认

- 药物的种类

　　确认病历（卡片）或兽医师指定的药品名称。根据药品管理规定（日本药事法）区分药物，这种区分要在药物容器外明示。其中，有麻醉药、毒药、剧药和精神

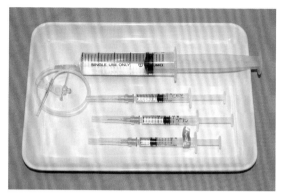

图 4-4 在确认了病历（卡片）和指导书后，将每个患病动物所用物品收集于一个托盘内工作效率较高。不过，不但患病动物的名字要清楚记载，注射器内吸入的药物也要明确标记

图 4-5 从左侧开始，麻醉药，毒药，剧药，神经类药品的注射剂及其标记

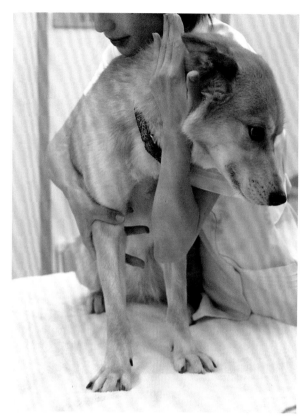

图 4-6 从狗的桡侧皮静脉采血时的保定法

类药品等，对于这些药品有特别操作规定（图 4-5）。还有，在皮下、皮内、静脉注射以及点滴等使用的备品有所不同，应根据注射方式不同而加以适当选择。

（需要特别注意，关于必要药品通常由兽医师准备）

● 用药量

同样的药名，同样大小的安瓿或小瓶，其中，药剂含量（浓度）可能不同，这点需要注意。另外，弄错了给药单位或小数点发生了错误，用药量会有 10 倍以上的变化，这点也要加以注意。

● 采血、注射部位

狗的采血部位是桡侧皮静脉（图 4-6），颈静脉，外侧伏静脉（图 4-7）；猫的除了前面的采血部位外还有内侧伏静脉以及大腿静脉等部位可供采血。注射途径有皮下、皮内、肌肉内（肌注）等注射部位。在实际使用注射的部位时，皮下注射时在颈部至臀部背侧，皮内注射多用于过敏皮试，为了确保皮试反应面积，常使用体侧皮肤，肌注采用后肢的半膜肌，半腱肌以及腰荐椎棘突外侧的肌肉，能够进行静脉注射的静脉有桡侧皮静脉，外侧伏静脉，以及内侧伏静脉等。

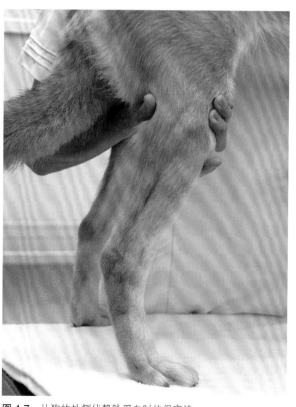

图 4-7 从狗的外侧伏静脉采血时的保定法

15

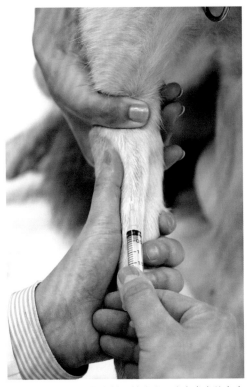

图 4-8 向桡侧皮静脉刺入针头（要注意术者的左右手指的位置和配合）

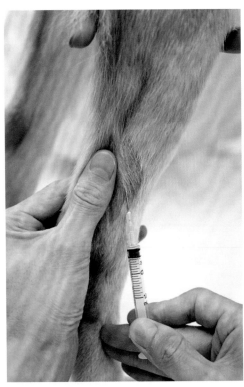

图 4-9 向外侧伏静脉刺入针头（要注意术者的左右手指的位置和配合）

● 适当时间

一天进行几次注射、采血，何时进行操作，间隔多长时间进行一次给药，参考什么时间实施注射、采血等，根据患病动物状态和药理作用而有所不同。

● 患病动物

对于患病动物不能出错，这比什么都重要。要特别注意同一品种且在相同时间入院并在同一室的场合更不能搞错。要事先准备好利用项圈等标记物进行区别的对策，这点十分重要。

（4）向动物主人说明

使用药物的目的，有什么效果，为什么目的进行何种项目的检查等，都要事先向动物主人说明，这点非常重要。另外，根据需要还有向动物主人说明在操作中的疼痛或给动物造成的不安，关于保定的必要性方面也要说明为好。

（5）实施采血、注射

对于最常进行的采血、皮下注射以及肌肉注射加以说明。

● 采血

① 用酒精棉球消毒采血部位，使动物采取易于触摸到血管的体位。在四肢采血时，术者左手拇指沿着捆扎怒张的血管旁边，当进针时固定血管使其不移动（图 4-8、图 4-9）。

② 刺入时，针尖斜面朝上并和血管走向一致，以 10°~20° 进针。当针尖刺入血管瞬间，在针基部可见血液流入，此时不要停针，继续刺入 1~1.5cm 后保持注射器静止，然后缓慢抽动注射器内筒进行采血。

③ 采集了需要的血量后解开止血带，将注射器的针管和针头同时拔出，拔出针后在针眼处敷上小棉球，用手指轻轻压迫止血，要压迫数十秒才能确实止血。

● 皮下注射

① 分开注射部位的被毛以确认皮肤表面。

② 用两个手指捻搓并提起皮肤，确认皮肤和皮下结缔组织的厚度。此时要注意不应采取使动物生厌的抓取和触摸方法。

③ 当确定了注射部位之后，右手牢固地拿住吸有药液的注射器并将右手的第 3~5 手指静置于动物皮肤上（固定作用）（图 4-10、图 4-11）。

④ 注射器的针头斜面朝上，呈 40°~45° 刺入 1~1.5cm（图 4-12）。这时保持注射器不动，用方便活动的手或手指抽动注射器内筒，确认没有血液逆流后方可注入药液。开始推动注射器内筒时不要用力过猛，要轻柔缓慢地开始注射。

⑤ 注射结束后拔出注射器，于注射部位放置小棉球，用手指在棉球上面轻轻压迫。当注射液量较多时可能会有药液漏出，因此，压迫数十秒比较稳妥。

● 肌肉注射

① 分开注射部位的被毛确认皮肤表面。

② 用手轻轻抓起皮肤或肌肉，确认肌肉位置和厚度，还要确认是否是神经或血管的径路，此时要注意，不能采用使动物生厌的抓取和触摸方式。

③ 确定了药物注射部位后，右手牢固地拿住吸有药液的注射器并将右手的第 3~5 手指静置于动物皮肤上（固定作用）。注射器针头斜面朝向术者，将针尖刺入预定的肌肉注射深度（图 4-12）。

④ 保持注射器不动，用方便活动的手或手指抽动注射器内筒，确认没有血液逆流后方可注入药液。开始推动注射器内筒时不要用力过猛，要轻柔缓慢地开始注射。

⑤ 注射结束后拔出注射器，于注射部位放置小棉球，用手指在棉球上面轻轻压迫。

（6）采血、注射后确认患病动物状态

要确认采血部位是否出血，也要确认虽然没有眼观出血，但是否发生皮下出血并形成血肿等情况。另外，也要注意是否出现了药理作用以外的其他症状。

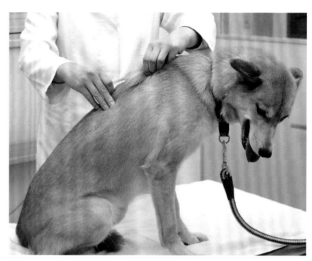

图 4-10　皮下注射时常用的注射部位

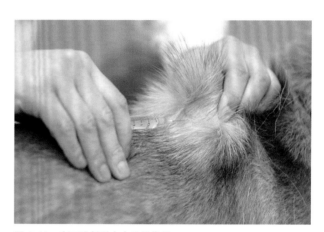

图 4-11　皮下注射时左右手的位置

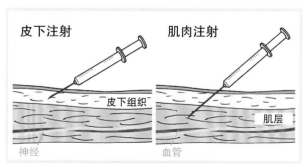

图 4-12　皮下注射和肌肉注射时针的位置（自皮肤向下的深度）或注射器的方向

技术的要领、要点

● 采血、注射时将持注射器的手的第 3~5 手指置于动物皮肤上（起固定作用），这样操作较为稳妥。

● 如果没有适当的保定，不可能顺利进行采血、注射操作。

● 充分利用动物行为学知识，最大限度地减少动物的应激，尽可能使动物处于稳定状态再行操作。

● 动物主人在场情况下，应考虑要使主人也保持安定状态，事先询问动物的性情等情况再施以适当操作。

● 实施操作的场所（检查室、处置室）应该安静，没有其他人或动物为好（特别是在处置猫或者神经质动物时，在隔壁都不应使用吸尘器等机械）。

 向兽医师报告的要点

● 传达确认药物的种类或检查项目。

● 保定采血、注射时动物的状态。

● 有关使用伊丽莎白项圈、口笼、捆扎胶带等，要进行沟通得到认可。

● 当然在采血、注射等实施困难时不可勉强操作，及早报告、沟通。

● 要传达实施采血、注射后的动物状态（变化）。

（7）使用后针头，注射器的处置

一经使用的针头或注射器，要作为医疗废弃物投入专用容器进行处理。

2. 保定

在动物医院内，为了确保工作人员的安全和减轻动物的过度应激，要经常牢记"对动物实施最小限度且效果确实的保定"，这是非常重要的。并且，几乎所有的医疗行为都不会被动物所理解，有必要意识到动物会经常感到不安和恐惧。对于适当的保定，涉及动物、人和环境 3 个因素的影响。

（1）动物

对于具有攻击性的狗，用强力、确实的方法实施保定以确保工作人员的安全是十分重要的。而对于性格温顺的狗，如果过度保定有时会给动物造成不安，反而会引发强烈抵抗而招来攻击性行为。即使使用相同的保定方法，也应考虑动物疼痛程度或者性格的不同而采取相应的控制措施。

（2）人

能否顺利地进行采血，几乎是由保定者的实力决定的。并且，进行采血、注射的实施者如果对动物不采取轻柔的操作方法，动物就会增加应激反应。另外，还有必要判断动物主人在场有利的一面和不利的一面。

（3）环境

其他动物的叫声，物品掉落的声响，吸尘器等机械的声音都会对多数的动物带来不安，有时会成为惊恐和暴躁的原因。如果使用哪怕是动物稍微熟悉的检查室、处置室的话效果会更好。

基本的保定法有几种，首先十分熟练地掌握这些方法是非常重要的。施加于动物的保定法由于动物种属，大小，保定者的把持力度或手的大小等因素，有必要进行适当调整。当然，在保定困难的情况下，为了减轻动物和工作人员的负担，也可以实施利用镇静剂等化学保定法。

为了避免出错

（1）动物极度狂暴的情况

首先不可勉强进行操作，在能够使其稳定的场所进行休息。然后探讨是由于恐惧、不安、疼痛还是太紧张所致，还是其他原因，要确定具体原因才能进行应对。必要时讨论用药物进行保定。向兽医师报告经过并商谈对策。

（2）采血部位出现漏血的情况

血液漏出皮肤之外时，血液潴留于皮下形成血肿时首先要压迫采血部位。向兽医师报告，依指示行事。

（3）在注射过程中由于动物骚动导致注射针脱落的情况

确认已经注射的药量。对于药物附着于皮肤的情况，静脉注射时药物漏出血管外的危险性等情况，在采取措施前要加以确认。和兽医师商量变更保定方法后再将剩余药物注入时，要更换新注射器和针头。

（4）出现了动物损伤的情况

从诊疗台跌落或者其他原因出现异常情况时，要中止采血、注射操作，在确认动物健康状况的同时向兽医师报告。

（5）出现了工作人员负伤的情况

中止采血、注射操作，将动物移至安全场所同时保护负伤的工作人员。

（6）注射后动物出现不良反应的情况

应迅速向兽医师报告的同时，记录各种生命体征等确认动物状态。

吉村德裕（爱心动物医院）

 向动物主人传达的要点

- 说明采血或注射的目的。
- 说明检查项目或药物种类。
- 说明得出检查结果的时间或预期药物能够出现效果的时间。
- 今后的检查或注射的预定（必要性或次数等）。
- 说明保定的必要性、重要性。

兔子的保定

建议

　　近年来作为伴侣动物生活在家庭里的兔子逐渐增多起来。安静且柔软的兔子人气很高。但是，兔子是和猫、狗不同的草食动物，在身体构造、习性以及生理功能上有很多不同之处。而且，大家知道兔子是抗应激能力很弱的动物。还有，由于与猫、狗相比缺乏面部表情，因而有必要不漏掉兔子特有的应激表象而及早地采取应对措施。在接触兔子以及对其操作时，有必要小心谨慎，处处留意。

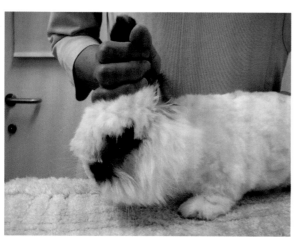

图5-1 抓住耳朵提起兔子是严禁的

图5-2 从兔笼里取出兔子的方法。

备品

- ● 高度合适的诊疗台
- ● 防滑布垫或胶垫
- ● 大号毛巾
- ● 体重计
- ● 兔笼子
- ● 伊丽莎白项圈
- ● 保定用袋子或毛巾

技术顺序

　　兔子的骨骼比狗或猫薄弱。相对于体重来讲骨骼所占的比例也较小，骨质较薄。另外，兔子的体格方面特征是，与短小的前肢相比，有强健粗大的后肢。后肢肌肉很发达，当遭遇危险逃走时，能够强力蹬踏地面以达到快速奔跑的目的。特别是行走上坡路是兔子的长项。

　　由于兔子的这些身体特征，有些时候由于保定时用力不均衡等，也能成为引起脊椎骨骨折等损伤的原因。

1. 抓起兔子的时候

　　最近可能已经很少见这样抓兔子了，这样抓住兔子耳朵提起兔子的做法是绝对禁止的（图5-1）。

图 5-3 抱兔子情形。采取使其充分呈前屈状态，脊柱伸展的方式是安全的

2. 抱兔子的方法

从兔笼等取出兔子时，也要以颈部和头部肌肉作为着力点。正确的抓取方法为大把抓住颈背部松弛的皮肤，然后用另一只手托住全部臀部，这是具有安全感的支撑方式。从兔笼等取出兔子时，有时还不能预测兔子的性格或动向，故保定者应先将笼子等放到地板上再伺机进行操作较为稳妥，这样可以防止发生笼子跌落等危险情况（图 5-2）。

抱兔子的情形是这样的。使用非强制性的力度，使兔子保持充分的前屈状态，充分伸展脊背部骨骼是安全的方法（图 5-3）。

如果发生抵抗情况，不安定情况以及暴躁的情况，哪怕只是稍微出现这些情况，就应用大毛巾包裹住兔子，令其保持安稳状态再进行保定为好（图 5-4）。

3. 移动兔子

抱着兔子移动时（即使再短的距离），保定者也要使身体贴紧兔子，用一只手及腕部托住兔子的腹部至臀部，另一只手保持兔子的背部至颈部呈支撑状态为好，这时兔子的头部呈隐藏在臂弯的状态，遮住其视线进行移动，这样兔子就会减少神经性骚动，呈稳定状态（图 5-5）。

4. 诊疗台

兔子上诊疗台之前，应想办法防滑是十分重要的。兔子的后肢离开地面就会产生不安情绪，产生异常动作或者骚动等的可能性就会增多。此时，如果附着面是光滑材料的话，兔子为了获得安全感会更加骚动、滑动、后肢蹬踏的可能性增大，兔子、保定者的受伤的可能性便会增大。

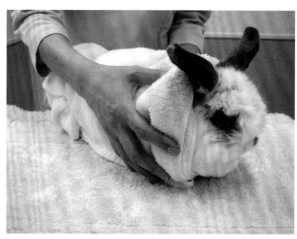

图 5-4 用大毛巾包住使其安定

图 5-5 遮住视线进行移动

图 5-6 相比毛巾而言，准备既不容易滑动又不容易移动的脚垫类物品为好

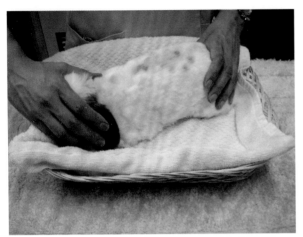

图5-7　在能够宽松放进兔子的筐里铺上毛巾等，然后将筐子放在体重计上比较安全

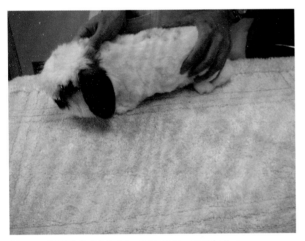

图5-8　轻轻地和兔子说话，用手保护，继续操作

图5-9　在诊疗台上用手护住兔子头部使兔子安定。保定者用自己肚子贴紧诊疗台，并不留有缝隙

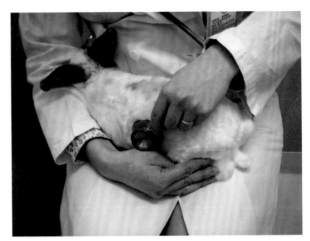

图5-10　检查腹部

在诊疗台上事先准备好橡胶垫或者较比毛巾有重量感的、短毛、不易滑动的布垫等物品，铺上不易滑动、轻微触碰不易移动的垫子。准备比毛巾重些的垫子类的物品（图5-6）。

5. 测体重

测体重时，如果诊疗台具有体重计功能就可以直接测定。如果有必要把兔子放在体重计上测体重时，要准备能够宽松放进兔子的笼子等用品，在笼子底部垫上防滑垫再行测定会比较安全。撒手时手要轻轻离开，不要惊吓兔子。期间绝对不能离开，注意看护（图5-7）。一般是在可能施以协助范围内，不离开视线地待机行动。

如果从诊疗台上掉下来时也要尽可能采取措施不给兔子造成突然冲击，一边和兔子说话一边柔和地接住兔子。然后将手置于颈背部位置继续进行操作（图5-8）。

作为诊疗中的保定，一边诊查身体一边用手护住兔子头部。遮住视线会使兔子安定的情况比较多见。实际上，我想还有使兔子更安定的不同的姿势和方法，诸位在遵循基本操作方法的同时去摸索更好的保定方式吧。

在诊疗台上，用手护住头部使兔子安定。保定者可用自己的肚子贴近诊疗台，并不出现缝隙（图5-9）。采用这种方式进行可能的诊疗操作较好，如果能使兔子保持安稳状态，兽医师也可以坐在椅子上，在膝盖上对兔子实施听诊或触诊（图5-10）。总之，这种情形只限于在兔子安稳状态下推荐使用。

图 5-11　把兔子呈仰卧姿势保定于保定者的两大腿之间的方法
比较稳妥

图 5-12　体温的测定

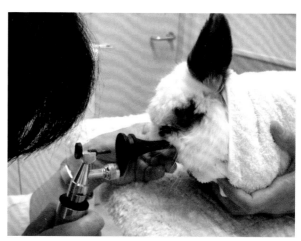

图 5-13　口腔检查时使用耳镜的情况比较多见

6. 腹部检查

　　把兔子缓慢、轻柔地翻转过来，腹壁朝上，一边抚摸一边改变姿势，以便能够仔细观察腹部。把兔子呈仰卧姿势保定于保定者的两大腿之间的方法比较稳妥（图 5-11）。

7. 体温检测

　　当兔子表现为强烈抵抗情绪时，不要强行操作为好，不过在多数情况下，采取上述保定姿势是安定的。根据后肢的生理屈曲状态用单手支撑后肢也是比较好的方法。此时如果兔子出现蹬踹情况，应注意保证其蹬踹的反作用力不能伤及脊椎，应对脊椎加以支持保护。这种姿势也适合在没有强迫的情况下测试直肠温度。

　　玻璃材质的体温计在测体温时，如果动物骚动有可能折断而伤及直肠，因此，最好不用。可使用塑料材质的，体温计后端必须系上线绳，涂上润滑剂后再使用（图 5-12）。

8. 口腔检查

　　在进行口腔检查时，可采用图 12 的姿势操作，也可以在诊疗台上一边支撑保定一边进行检查。但是，通常兔子不喜欢被触摸口吻部，故应一边轻轻和兔子说话，一边采取不易使其发生应激的姿势进行操作。口腔检查时使用耳镜的情况比较多见（图 5-13）。

图 5-14 把兔子放回笼子或筐里的方法

图 5-15 兔子抗应激能力弱，睁大眼睛是其独特的表情，有时也可见眼睛瞬膜突出的情况

技术的要领、要点

● 兔子是抗应激能力较弱的动物。当其出现睁大眼睛，呼吸慌乱、急促，耳朵背向后方突然倒地，眼睛瞬膜突出等情况时不可勉强继续操作，应暂时解除保定使其休息是很重要的（图 5-15）。

● 如前所述，兔子是后肢发达，后肢蹬踏力很强的动物。兔子在抵抗的时候，剧烈骚动的时候会给脊背造成很强的反作用力，极易导致腰椎骨折。因此，保定时不要强制用力，应一面配合兔子动作，一面非强制性地实施支撑保护，尽量使其保持舒适的状态是很重要的。

● 检查口腔有时也使用开口器，如果使用时不小心，有发生挂住骨质不很坚实的上颚的情况。

● 因为有可能发生下颌骨骨折等二次伤害的危险，因此，最终还是要根据兔子的状态、性格在兽医师的判断下进行操作。

9. 经口投药

经口给药时，可以在仰卧姿势下进行，也可以在兔子自然状态下稍抬高头部的情况下进行。

重要的是不能强迫，少量多次，一边确认状态一边进行给药。

10. 把兔子放回笼子或筐里的方法

如前述基本操作方法一样，抱着兔子，切实支撑整个臀部，然后不是将头部而是先将臀部送入笼子，这是要点。当装入上开盖的筐子里时，也是支撑住兔子身体，然后将后肢装进去。在兔子出现剧烈骚动等不安定情况时，应先将笼子放置于地面上再行装回兔子的操作，以免发生笼子摔落等危险。

放回兔子时要后驱朝前，将兔子完全放入笼子里之前不能撒开支撑的手臂（图 5-14）。

11. 采血时的保定

兔子的采血可在耳朵的动脉、静脉进行，也可以和猫、狗的采血相同在桡侧皮静脉、颈静脉以及外侧伏静脉进行。采血时，为了能够在前述各个采血部位顺利采集血液，应采用前面介绍的保定方法。如果兔子能够保持安定、平稳状态，在哪个部位都能顺利地采集血液。

在桡侧皮静脉、颈静脉以及外侧伏静脉采血的保定，在考虑保定兔子注意事项的前提下，可参考猫、狗的保定方式进行保定（在耳部采血时，如果事先将耳朵温热再采血会变得容易些。二甲苯影响检查数值，

图 5-16　使用带拉链的布袋有时效果也不错

故不用为好）。

　　其中，使用在保定猫时使用的保定袋或大毛巾的话，有时会使保定兔子变得更顺利。不过各个兔子的情况会有所不同。像睡袋一样把整个身体都紧密包裹起来，只露出想要露出的部位，使用这种有绑带的布袋的保定方法有时也很有效（图 5-16）。

为了不出错

　　兔子出现了预料之外的兴奋状态或表现应激征兆时不要继续勉强操作，而要等待兔子安定下来。稍事休息一下，再继续操作为好。

　　大家知道，当兔子产生抵抗时，由于恐惧而骚动会出现连续蹬踹现象，此时如果强迫给兔子背部施加压力极易导致脊椎骨骨折等情形。

　　一定不能出现前述的事故，因此，平常要细心观察兔子动作行为，用力量制动进行保定兔子的做法是绝对禁止的。要想办法使兔子呈现安稳状态，像哄小孩一样，轻柔地接触兔子，使兔子放松下来之后再行处置。此点要记在心里。

《执业兽医临床技术 第 2 集》

第 23 章兔子诊疗基础（斋藤邦史）中有详细的介绍，诸位一定要看一下。

柴内晶子（赤坂动物医院）

 向兽医师报告的要点

● 在操作中如发现了兔子的特殊状况要迅速告知兽医师。剧烈骚动，啃咬，出现较多蹬踹动作时，事先报告，以便采取处理措施，避免出现危险情况。

● 知道了所处置的兔子不愿让触碰的身体部位，不愿意让采取的姿势后要及时通报。和前述要点的道理一样，通报事项都是有用的信息。

● 将兔子从笼子或筐子取出来时，如发现排泄，被毛污染等异常情况，一定要通报。这对正确的检查，诊断十分有用。

● 在诊察中发现了兔子出现应激征兆时，必须迅速报告兽医师。由于兽医师精力集中于检查部位，有时不会及时发现兔子的异常情况。掌控兔子整体状况是保定者一项重要的职能。

 向动物主人传达的要点

● 一定要让动物主人知道兔子是抗应激能力很弱的动物。在检查、诊断及治疗时有急剧改变面目表情的可能性。告诉主人我们一定细心操作，有些姿势是诊察所必须的。为此，也要告诉主人在诊疗中需要他们的协助。在必要的检查、诊断过程中避免说使主人易产生误解的多余的话，为了谋求正确理解兔子的特性，持沉稳的态度讲适当的话。

● 向动物主人说明为了降低兔子的应激状态，请主人日常带兔子来院进行体检等健康检查活动，以便使兔子适应和习惯动物医院。

● 进行入院治疗时，一定让主人带来以往兔子吃的食物，不要改变。兔子突然改变食物，有时会出现消化道症状。这点也要向主人转达。

● 在入院治疗时，特别是饮食方面，尽量仿照在家时的居住环境，这会减轻应激状态，这点也要向主人说明并取得帮助。

粪便检查和尿检查

　　粪便检查作为初诊时的身体检查和健康体检的一部分，也作为下痢等消化器官疾病鉴别诊断检查的一部分。是使用显微镜和稍加准备就可实施的简单检查。通过此项检查可以辨明消化道内有无寄生虫感染，消化道内细菌的分布情况，消化状态等。

　　尿检查是在诊断膀胱炎，肾机能不全等泌尿器官疾病以及糖尿病等内脏疾病时经常使用的检查项目。作为健康检查的一部分以及在身体检查时不能确诊的情况下，作为追加检查的一部分加以使用。

图 6-1 粪便检查用品

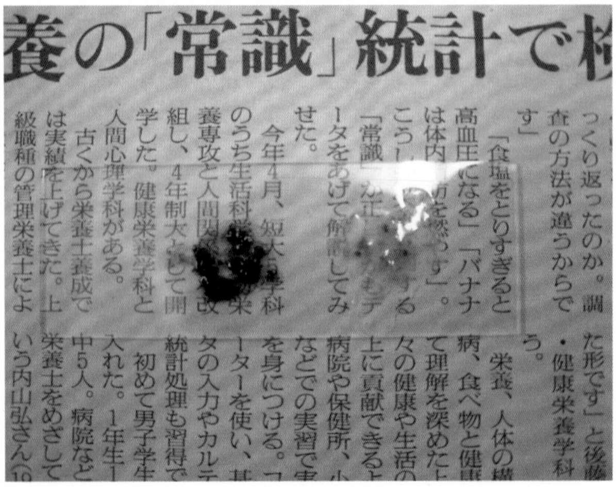

粪便检查

备品

- 显微镜
- 载玻片
- 盖玻片（18mm×18mm 以及 24mm×24mm）
- 生理盐水
- 新配制的亚甲蓝染色液
- 饱和盐水
- 牙签
- 血液涂片染色用瑞氏姬母萨简易染色组合（血液涂片染色液等）
- 封胶
- 50% 硫酸锌溶液
- 毛细移液管
- 漏斗
- 纱布
- 虫卵浮集管
- 金属托盘

图 6-2 滴加生理盐水和亚甲蓝染色液，稀释粪便

技术顺序

（1）肉眼检查

确认以下项目（图6-1）球虫卵囊。

- 粪便量。
- 硬度（图6-2）确认有无未消化的肌纤维。
- 颜色。
- 臭味。
- 有无黏液附着。
- 有无血液混入、附着。
- 是否发现寄生虫虫体。

（2）显微镜检查——直接法

- 用牙签挑起粪便，置于载玻片上两处。
- 一处用生理盐水稀释，另一处用新配制的亚甲蓝稀释（图6-2）。
- 盖上18mm×18mm盖玻片。
- 用10倍以及40倍物镜观察。首先检查生理盐水稀释的部位，确认寄生虫卵，球虫的卵囊，鞭毛虫，原虫及螺旋体的有无（图6-3）。
- 还要确认有无未消化的肌纤维（图6-4）。
- 在亚甲蓝染色液部位要确认有无白细胞或者黏膜上皮细胞，还要观察出现细菌的形态。

（3）显微镜检查——饱和盐水漂浮法

- 用虫卵浮集管内管采取粪便。
- 缓慢向外管注入饱和盐水至标记处。
- 将取有粪便的内管轻轻插入外管，转动虫卵浮集管使盐水稀释粪便。
- 将内管全部插入外管，从内管上部注满盐水。
- 盖上24mm×24mm盖玻片。
- 20min后取盖玻片，将盖玻片盖到载玻片上进行镜检。

（4）显微镜检查——硫酸锌离心富集法

- 将粪便0.5g稀释于2~3ml水里。
- 加水至10ml。
- 用纱布过滤。
- 将滤出的液体用离心分离器进行2 000rpm离心2min；

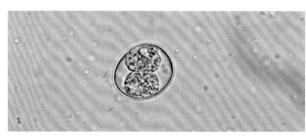

图6-3　球虫卵囊

图6-4　确认有无未消化的肌纤维

技术要领、要点

- 熟练操作显微镜；对带有像差装置的显微镜的观察方法可能有所变化。
- 记住主要寄生虫虫卵，原虫卵囊及包囊形态；建议在显微镜旁或手边放置虫卵图谱。
- 用直接涂片法稀释粪便时，以能透过稀释液见到报纸字迹的程度为好（图6-2）。
- 确认出现的血细胞、炎症细胞，观察细胞形态时使用血液涂片染色组合比较方便。
- 建议经常更新简易染色组合的固定液以及染色液，或另外准备血液、细胞的诊断用品。
- 用简易染色组合染色时，由于比染色血液标本难些，故在每个染色液里浸泡1min左右可以很好地上色。
- 硫酸锌离心富集法是检查寄生虫卵，球虫卵囊的好方法。
- 为了不污染周围环境，以及考虑到人畜共患病的可能性，稀释粪便等应戴手套，并在托盘里操作。检查后的样本应作为医疗废弃物加以适当处理。

图 6-5 粪便检查时应戴上检查用手套，在托盘里操作

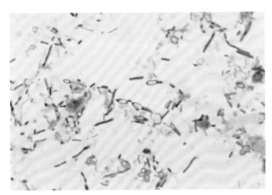

图 6-6 粪便涂片（用血液涂片染色法染色）出现了很多带有芽孢的杆菌

> to family 向动物主人传达的要点
>
> ● 当用拿来的粪便进行检查时，一定要求带来新鲜粪便，以便进行正确的检查（图6-5）。
> ● 向主人说明感染的寄生虫（或者可能感染的细菌）（以下称病原体）的名称。可能的话一边让主人看着图谱，一边说明效果更好。
> ● 向主人说明寄生虫感染的简单发病过程（例如，球虫破坏肠黏膜，引起便血等）。
> ● 病原体是否是人畜共患病原体在卫生上是重要的事情。
> ● 病原体是否也能感染其他同居的动物，也是重要的问题。
> ● 在兽医师指导下向主人说明治疗方法以及是否有必要进行更深入的检查。

● 去掉上清。
● 将沉淀物用硫酸锌溶液溶解（加硫酸锌溶液至沉淀物上 2cm 左右位置）。
● 从离心后的液面用胶头吸管吸少量液体滴在载玻片上。
● 盖上盖玻片，进行镜检。

（5）粪便涂片染色（血液涂片染色组合的使用方法）。

● 用粪便样本在载玻片上制作涂片标本。
● 用血液涂片用的简易染色组合（血液涂片染色液等）进行固定，染色。
● 干燥后将载玻片封片，镜检。
● 观察确认是否有出血现象（红细胞），炎症细胞（白细胞）。
● 观察细菌形态。检查是否出现大量杆菌，球菌，螺旋体。
● 是否出现大量带芽孢的杆菌（图6-6）。

为了不出错

● 标本制作失败时，应改正错误再做一次。
● 当直接接触了粪便时，使用手术用手指消毒剂清洗手指。
● 粪便污染了周围时，立刻擦掉，然后用卤族消毒剂消毒。

> to doctor 向兽医师报告的要点
>
> ● 在报告显微镜检查结果之前，先报告肉眼所见（如混有血液，附着黏液，水样粪便等）。
> ● 用直接涂片以及漂浮法检查虫卵时，报告有无卵囊，包囊。
> ● 在粪便涂片染色检查时，要报告有无出现形态异常的细菌，出血（红细胞），炎症细胞（白细胞）。
> ● 出现了不明白的问题，不能判断的情况要通报兽医师。

尿检查

技术顺序

备品（图6-7）

- 10mm 试管（尖头管）
- 尿检试纸（多项试纸等）
- 测尿比重用屈折计
- 离心分离器
- 盖玻片
- 载玻片
- 毛细管移液管（胶头吸管）
- 显微镜

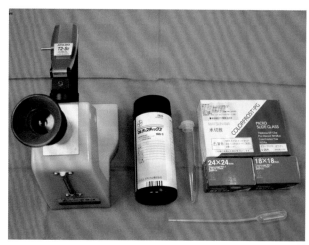

图6-7 尿检时的备用品

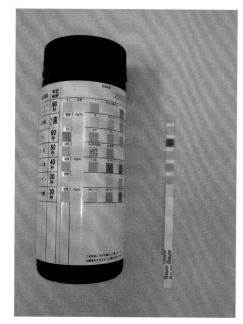

图6-8 用尿检试纸检查化学性质

- 将采集的尿液移入试管。
- 首先记录颜色、透明度、气味。
- 用尿检试纸测定尿液的化学性质。对照试纸筒上的比色表找到相同色调后记录（pH值，蛋白，尿糖，酮体，潜血及胆红素）（图6-8、表）。
- 用离心分离器在 1 500rpm 条件下离心 5min。
- 取上清一滴用尿比重屈折计测尿比重。
- 迅速翻转试管弃上清。
- 将剩余的少量上清和沉淀混合。
- 取此液体一滴置于载玻片上，盖上盖玻片。
- 用 10 倍物镜镜检，查看标本的全部范围。如果出现尿圆柱，记录一个视野里的个数（/LPF）。
- 用 40 倍物镜镜检，确认圆柱的种类（图6-9）。如果出现了红细胞、白细胞、上皮细胞、结晶等，要记录种类和数量（/HPF）（图6-10，图6-11）。

表　尿检查参考值

	狗	猫
pH 值	6~7	6~7
蛋白	—（~+）*	—（~+）*
潜血	—	—
胆红素	—~+**	—
葡萄糖	—	—
酮体	—	—
比重	1.030~1.050	1.035~1.060

* 尿比重在 1.050 以上时也会变成 +

** 尿比重在 1.020 以上时也会变成 +

 技术的要领、要点

● 检查尽量使用新鲜尿液。如果不能立即检查应冷藏保存。

● 颜色、透明度、沉渣判定表要做成表格化报告书，且全院的格式要统一。

● 尿检试纸的各项目判定时间必须遵循试纸生产厂家的要求。判定时要在明亮的场所进行。严禁将册状试纸剪成一半使用。

● 为了防止破坏尿沉渣，不要使用离心分离器的制动器。

● 和粪便检查相同，将尿沉渣的图谱放在显微镜旁对诊断是有用的。

to doctor 向兽医师报告的要点

● 如果颜色、透明度、比重出现异常首先要报告。

● 试纸试验出现异常也要报告。因尿糖，酮体出现阳性反应是糖尿病的重症患者的情况比较多，故特别重要。

● 关于尿沉渣的结晶，是否出现圆柱及种类也要报告。

● 和其他检查相同，如果有不清楚之处应立即和兽医师沟通。

to family 向动物主人传达的要点

● 简单向主人说明为检查有无泌尿器官疾病，或者如糖尿病等内脏疾病而进行的尿检项目。

● 在预约来院诊疗时有血尿或多尿主诉时，如果主人能采到尿液的话请就诊时带过来。

● 嘱带来尿液时，一定说明用新鲜尿液检查结果是准确的。

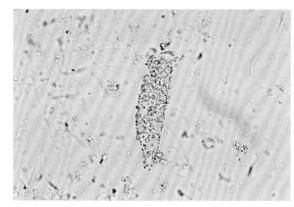

图 6-9　颗粒圆柱

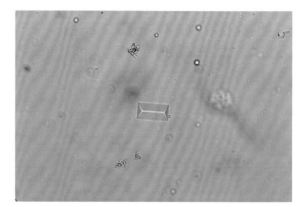

图 6-10　硫酸钙结晶

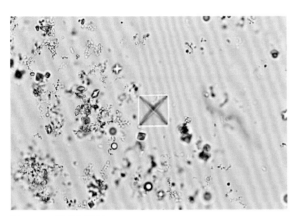

图 6-11 草酸钙结晶

为了不出错

● 和粪便检查时相同，如果制作标本失败了，要纠正错误，立即再做一次。

● 但是，和粪检相比样本量很少，如果再行采尿会耗费时间，故操作时更应谨慎小心。

草野道夫（草动物医院）

血液涂片样本的检查要点

在实验室检查中，血液涂片标本检查是必检项目。是否观察了血液涂片标本，实验室检查的信息量大有不同。仪器是不能判定白细胞、红细胞的异常形态的。

急性炎症的指标的杆状核嗜中性白细胞及中毒性变化也不能用仪器检查出来。诊断疾病是兽医师的职责，动物医院护士各位的任务是当碰到异常细胞时要将其正确记录，或者有疑问时和兽医师交流一下为好。

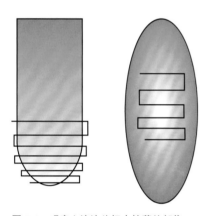

图 7-1　观察血液涂片标本较薄的部位

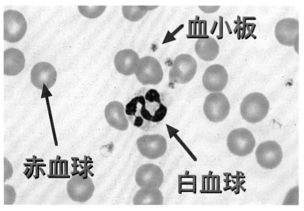

图 7-2　在狗血液涂片吉瑞氏染色的载玻片上正常的血小板，白细胞和红细胞

备品

● 显微镜——准备大视野，4倍，10倍，20倍，40倍，100倍物镜

● 血液涂片标本——吉瑞氏染色后封片的载玻片

● 血液细胞图谱

器具、器材一览表

● 瑞氏染色液（Merck），吉氏染色液（Merck），pH值6.4染色用磷酸缓冲液，试管（10ml以上），移液吸管或者注射器，染色容器，干燥吹风机，载玻片，封胶剂（封胶），封胶容器，二甲苯，甲醇，盛二甲苯的容器，染色用镊子

技术顺序

1. 涂片标本的观察部位

依涂片标本制作方法的不同，观察部位也不相同。总之是选择较薄的部位（图7-1）。在血液涂片标本上观察血小板，白细胞和红细胞3部分（图7-2）。从观察比较容易遗忘的血小板开始，然后顺序观察红细胞，白细胞为好。

2. 血小板异常吗

血小板是直径约3μm大小的无核圆盘状小体，

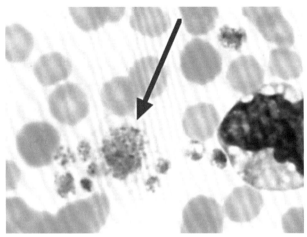

图 7-3　在猫的血液涂片标本见到的大型血小板

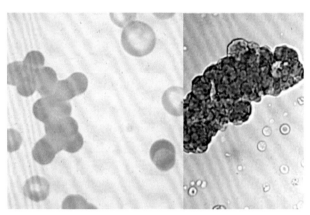

图 7-5　左侧为血液涂片标本，右侧为未经涂片的血液，自己凝固

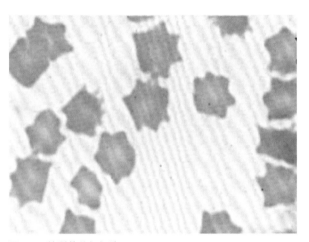

图 7-4　糖稀状的红细胞

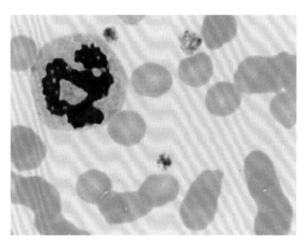

图 7-6　红细胞形成串钱状

用瑞吉氏染色时，可见接近透明的淡青色的细胞质和其中红紫色颗粒。大小约为直径 1μm 红细胞的 2 倍左右（直径 15μm 以下）的各种小体。特别是在猫经常可见大型的血小板（图 7-3）。

3. 红细胞异常吗

（1）糖稀状红细胞

这是血液放置后红细胞内能量耗尽状态，或者是由于抗凝剂的 EDTA 的作用，血液发生了过度收缩，是制作涂片时的收缩情况。特征是可在红细胞表面见到大致相同的粗大突起（图 7-4）。其次要注意，注

入到含有 EDTA 试管里的血液应尽快制作血液涂片。

（2）红细胞自己凝集形成串钱状

自己凝集，是怀疑自身免疫性贫血（AIHA）的严重的异常情况。是红细胞形成立体的凝集状态(图 7-5)。红细胞形成串钱状是血浆蛋白浓度上升的表现，红细胞形成线状排列，在制作血液涂片时未能马上干燥也会出现这种情况（图 7-6）。

（3）贫血的再生反应

由于出血或红细胞的破坏（溶血）引发的贫血场合，骨髓里会大量产生幼稚红细胞。这种年轻的红细胞的增加，会导致出现多染性和大小不同的红细

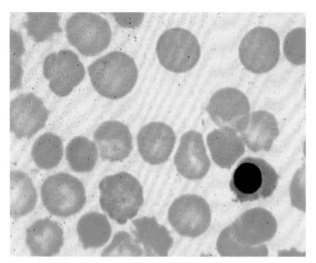

图 7-7　多染性红细胞和大小不同的有核红细胞

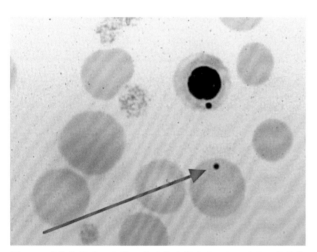

图 7-8　在红细胞内可见海因茨小体（箭头所示）。在上面的有核红细胞的细胞质里也可见到

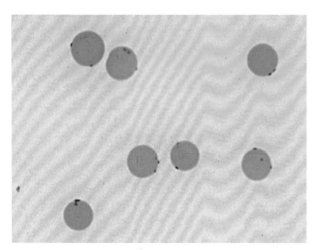

图 7-9　在猫的红细胞上见到的附红细胞体

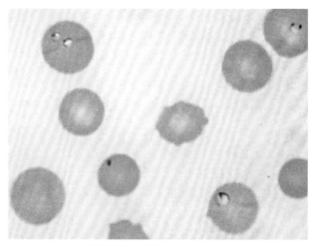

图 7-10　在狗红细胞见到的巴贝斯焦虫

胞（图 7-7）。另外，也可以见到有核的红细胞（NRBC）（别称：幼稚红细胞）（图 7-7）。所谓何－乔氏小体，在吉瑞氏染色时和细胞核的染色相同，呈浓染的紫色小圆形的点状结构，被认为是核的残留部分（图 7-8）。在有些时候红细胞的再生会加速，正常情况下在血液中也少量存在。但是，在多染性和大小不同的红细胞不增加，即所谓非再生性贫血的情况下，出现了幼稚红细胞增加的情况就是异常现象。

（4）有关贫血原因的异常现象

已经确认作为支原体的一种，称为血液支原体（血巴尔通氏体）的病原体在猫的红细胞外侧呈极小黑色物体，也可以在红细胞上面单独或者呈连锁状存在（图 7-9）。不能误认为是尘埃。巴贝斯焦虫是寄生于红细胞的寄生性原虫，自日本九州开始，在近畿地方已出现很多，在本州至青森地区也有发现。在血液涂片标本上呈非常容易被忽视的小点状，在涂片较薄的部位广泛观察红细胞时会看到像眼珠样的东西（图 7-10）。

所谓猫的海因兹小体，是红细胞中变性的血红蛋白的凝集物，在通常的吉瑞氏染色下见到的红细胞中不着色透明部分，或者作为突然出现的无色结构（图 7-11）。在乙酰氨基苯酚或亚甲蓝药物中毒，或者在丙二醇中毒情况下多见海因兹小体，并可引起严重的溶血性贫血。狗对洋葱，葱中毒也会引起海因兹小体性溶血性贫血。

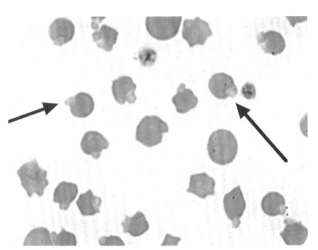

图7-11 在猫的红细胞见到的海因兹小体

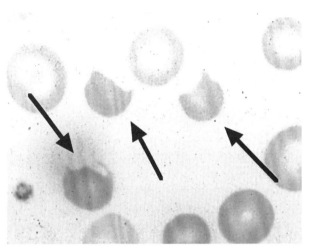

图7-12 在猫的红细胞见到的海因兹小体（头盔形细胞）

　　而狗的海因兹小体多数情况下不形成清晰的颗粒状物，几乎是融入成了红细胞膜的一部分，在头盔型红细胞多见（图7-12）。

　　球状红细胞是小型的，厚度增加的红细胞，如果出现率达到50%以上时，可称为免疫介导性贫血（IHA）或者自身免疫性贫血（AIHA）的特征性表现，不过在巴贝斯焦虫病等其他贫血性疾病中偶尔也可见到这种现象，加之还有在形态上易发生误解的畸形红细胞的存在，因此，要请兽医师加以确认。

　　在遇见前述情况时，要在涂片厚度适当的地方镜检。涂片太薄的地方，红细胞会稀疏地广泛分布，见不到在一般红细胞正中能见到的凹陷部分的中心塌陷，故都看成了球形；而在涂片较厚的部分，由于红细胞被涂成稍微呈立体感的具有一定厚度的形态，因此，不易见到球形红细胞。

　　因此，如果在看到正常红细胞的中间凹陷的涂片部位，能看到直径较小的有一定厚度的球形红细胞的话，可判定为球形红细胞（图7-13）。即见不到正常红细胞中间的凹陷部分，看到小型浓染的细胞就是球形红细胞。狗的红细胞几乎都见不到中间凹陷部分，而且形态较小，故检出球形红细胞较难。

　　因此，在红细胞中间凹陷部比较清晰的猫，或者在严重的球形红细胞症场合，有时可以检出球形红细胞（图7-14）。

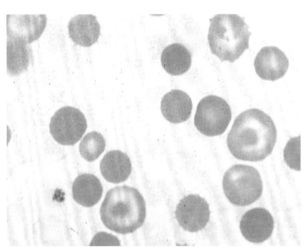

图7-13 在狗免疫介导性贫血见到的球形红细胞

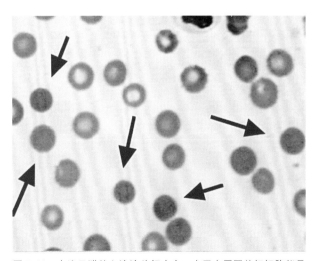

图7-14 在这只猫的血液涂片标本中，由于在周围的红细胞能见到中间凹陷，球形红细胞很明显

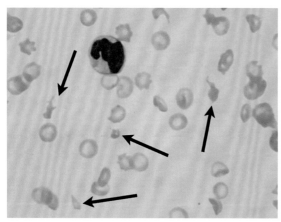

图7-15　在严重的溶血性贫血疾病中多见破裂的红细胞，血小板减少

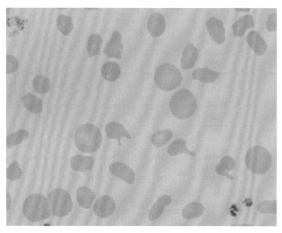

图7-16　在伴有重度脂肪肝时见到的棘状红细胞

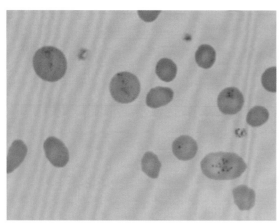

图7-17　在猫红细胞中见到的嗜碱性斑点

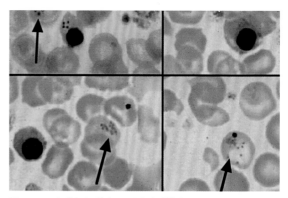

图7-18　在狗红细胞中见到的嗜碱性斑点

将轮廓异常的红细胞称为畸形红细胞。当红细胞处于正在破坏的进行状态（溶血性贫血，DIC）时，见到的红细胞碎片等是重要的，故要向兽医师报告发现了破坏的红细胞（图7-15）。在脂质代谢异常引发的重度肝脏疾病时，可见到表面带有针状的棘状红细胞（图7-16）。

（5）其他异常现象

带有嗜碱性斑点的红细胞会在猫贫血严重期间出现，故不是严重的异常现象（图7-17）。在狗非贫血情况下出现有核红细胞时，是铅中毒的特征性表现，因此是重要的（图7-18）。在各种贫血病例中，能见到在中心凹陷部表现明显鼓胀的标识红细胞。另外，在缺铁性贫血时可见中心凹陷部扩大的菲薄的红细胞（图7-19）。

没有多染性（非再生障碍贫血）的红细胞大小不等（图7-20），进而出现有核红细胞，是让人联想到骨髓肿瘤性病变或者FelV感染的表现，为严重的异常现象。小狗患犬瘟热病时，在红细胞或白细胞内有时可见到包涵体。红细胞包涵体的形态各种各样，典型的圆形的包涵体比豪威尔.若利氏小体（成熟红细胞中碱性染色小体——译者注）大，染成薄的红紫色。此外，还有小碎裂体，网状体等各种形态。基本出现在多染性红细胞内（图7-21）。

4. 白细胞的异常情况

（1）核左移

在骨髓白细胞分化成熟模式图里，左侧显示为幼

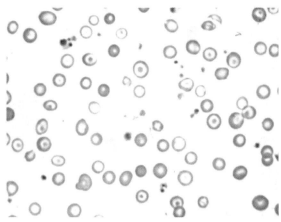

图 7-19　作为缺铁性贫血特征的菲薄红细胞。典型的红细胞
（眼珠样的）也增加

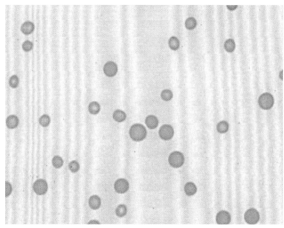

图 7-20　在重度贫血的猫见到的不伴有多染性的红细胞大小不等

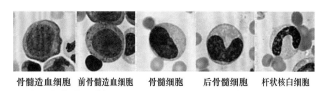

骨髓造血细胞　前骨髓造血细胞　骨髓细胞　后骨髓细胞　杆状核白细胞

图 7-22　在骨髓中嗜中性白细胞分化成熟的各个阶段

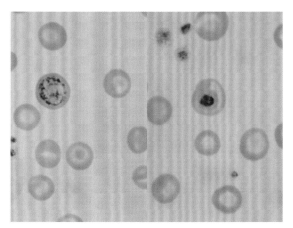

图 7-21　在狗白细胞见到的犬瘟热病毒包涵体

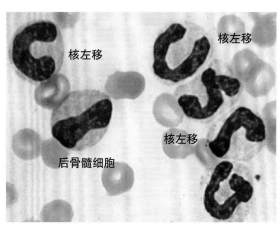

图 7-23　伴随着后骨髓细胞，杆状嗜中性白细胞频繁出现的
再生性核左移

稚白细胞。即从左侧按照骨髓造血细胞，前骨髓造血
细胞，骨髓细胞，后骨髓细胞，杆状核白细胞，分叶
白细胞顺序显示分化过程。因此，在这图当中左侧的
细胞增多状态称为核左移（图 7-22）。

　　在核左移中，分再生性核左移和退行性核左移。
再生性核左移是指由于嗜中性白细胞增多而导致的白
细胞增多症，并且伴随着幼稚白细胞增多。其程度作
如下定义，轻度：出现杆状核嗜中性白细胞（Band）
（ > 300/μl，不过 WBC > 4 000/μl 时杆状核嗜中性
白细胞上限为 1 000/μl）；中度：出现杆状核嗜中性
白细胞，后骨髓细胞；重度：骨髓细胞，前骨髓细胞，
并伴有骨髓造血细胞。一般，即使出现了幼稚白细胞，
其分布状况是和成熟型数量相仿的稍多状态，呈正常
的正态分布，在重度的核左移场合，也会出现幼稚细
胞数量超过成熟细胞的情况（图 7-23）。退行性核左
移是指白细胞数减少或者稍微增加情况下见到的核左
移，多数情况是幼稚细胞数超过成熟细胞数。这是骨

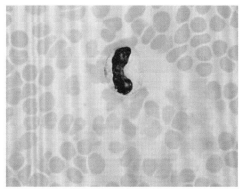

图 7-24　在退行性核左移出现的后骨髓细胞

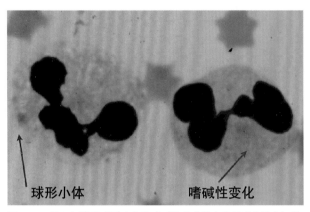

图 7-25 显示细胞质球形小体和嗜碱性变化的中毒性嗜中性白细胞

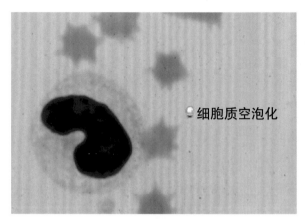

图 7-26 显示细胞质空泡化的中毒性嗜中性白细胞

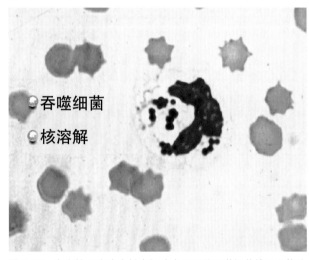

图 7-27 在末梢血液嗜中性白细胞中见到的吞噬细菌情况和核溶解情况

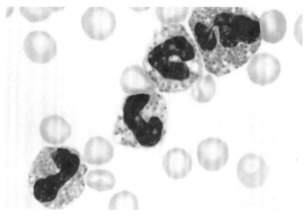

图 7-28 在狗见到的嗜酸性白细胞增多症

髓反应低下的表现，比如在败血症或者严重的细菌感染时机体抵抗力下降的状态（图 7-24）。

（2）嗜中性白细胞中毒性变化

在细菌感染等情况下，白细胞需求量增高，骨髓的造血环境恶化，和再生性核左移或者退行性核左移一起，可见到称为中毒性变化的形态异常细胞。在正常的嗜中性白细胞可见到带有发达染色体结节的分叶成 3~4 叶的细胞核，细胞质为浅粉色非颗粒状物质。而在轻度中毒性变化中，可见到细胞质的变化。其中含有嗜碱性细胞质和球形小体，当见到这种情况时应考虑有关细菌感染的炎症问题。

在细胞质中见到深紫色像被污染了一样的物质就是球形小体（图 7-25）。在中毒情况进一步加重的场合，细胞质被灰色染成强嗜碱性（图 7-25），或是泡沫状的细胞质，即可见到空泡变性（图 7-26），在败血症病例中，偶尔可见显示吞噬细菌的嗜中性白细胞会出现在末梢血液当中（图 7-27）。

（3）嗜酸性和嗜碱性白细胞增多症

嗜酸性白细胞也由骨髓产生，在血液中存在时间为短短的 30min，就会立即进入组织中履行工作。其作用为参与寄生虫感染和变态反应（过敏症）。但是，在淋巴瘤，肥大细胞瘤，卵巢肿瘤，肿瘤转移等场合也有增多情况。如果出现嗜酸性白细胞增多症要正确记录（图 7-28）。

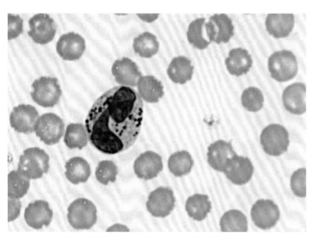

图 7-29　在狗的末梢血液里一般见不到嗜碱性白细胞，如果出现显示某种异常情况

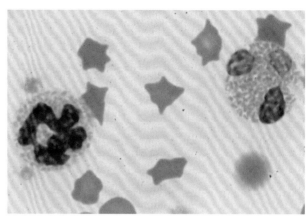

图 7-30　左侧的猫的嗜碱性白细胞有薰衣草色的圆形小颗粒是其特征。右边是嗜酸性白细胞

嗜碱性白细胞也由骨髓产生，功能和肥大细胞同样释放引起炎症物质的组胺等，因此，可以料到在过敏反应等过程中会增多。还有，人们知道在高脂血症时会增多。通常一个也见不到是正常的，因此，见到的时候要记录（图 7-29）。在猫，特别是在不是过敏反应疾病的情况下也频繁地观察到，可能预示着某种病症。因此，虽然没有什么特异性，可是仍然有某种疾病的可能性（图 7-30）。

（4）淋巴细胞的异常

在对于传染病的反应中，会出现有成熟的细胞核，在细胞质中有嗜苯胺蓝性细微颗粒的蓝色颗粒淋巴细胞（图 7-31）。通常，将在免疫刺激下出现的，具有幼稚形态的叫做异形淋巴细胞，这种细胞是反应性细胞，不是恶性细胞（图 7-32）。有时单靠形态难以区别，故应请兽医师确认。

成熟淋巴细胞的大量增加提示慢性淋巴细胞性白血病（CLL）（图 7-33）。幼稚性淋巴细胞或者前淋巴细胞的出现是淋巴瘤晚期或者急性幼稚淋巴细胞性白血病的表现。这些淋巴细胞称为异常淋巴细胞，区别于反应性淋巴细胞。狗的多中心性淋巴细胞

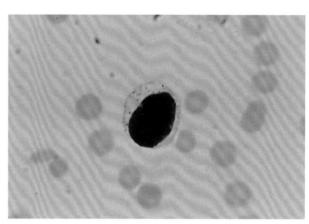

图 7-31　在病毒感染时经常可见到的蓝色颗粒淋巴细胞

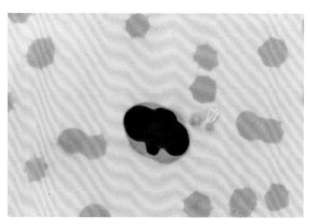

图 7-32　异形淋巴细胞是指形态与正常不一样，在免疫反应时出现

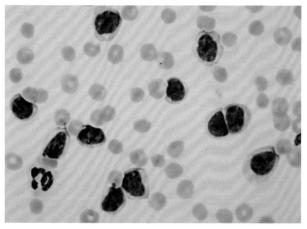

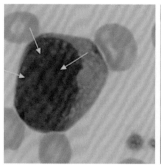 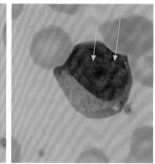

图7-34　在狗多中心型淋巴瘤出现的五极淋巴细胞，核小体明显的幼稚淋巴细胞

图7-33　在慢性淋巴细胞性白血病见到的明显增加的成熟淋巴细胞

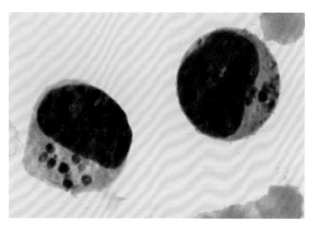

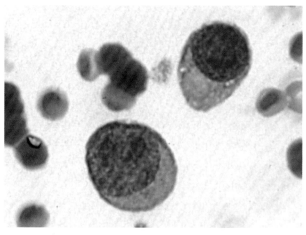

图7-35　带有大型细胞质颗粒的大型淋巴细胞称为大颗粒淋巴细胞

图7-36　出现不能分类的幼稚细胞时提示肿瘤性疾病

 技术的要领、要点

● 正确的涂片方法和准确度染色方法是必需的。
● 熟练使用显微镜是必要的。
● 不进行血液涂片镜检不是完整的血液学检查。

瘤晚期出现的细胞是带有明显小体的大型幼稚细胞（图7-34）。此外，在猫比较多见的淋巴系统的肿瘤的场合，有出现带有大型红紫色颗粒的大型淋巴细胞的情况。这样的淋巴细胞称为大颗粒淋巴细胞（LGL）（图7-35）。

（5）不能分类的幼稚细胞

在晚期淋巴肿瘤，骨髓原发性白血病场合，在血液中会出现大量的肿瘤性细胞。当出现带有核小体的幼稚细胞（芽细胞）时怀疑为肿瘤性变化，有必要立即请兽医师确认（图7-36）。

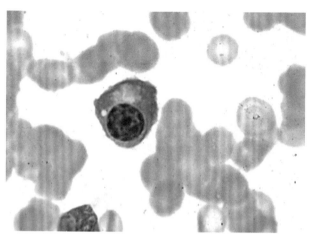

图 7-37　在多发性骨髓瘤狗的末梢血液中见到的浆细胞和红细胞形成串钱状

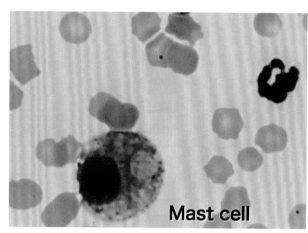

图 7-38　在猫见到的肥大细胞血症

（6）其他异常细胞

　　在末梢血液中出现浆细胞和高蛋白血症，是提示多发性骨髓瘤等与浆细胞有关的肿瘤的临床表现。也可以见到由于高蛋白血症使红细胞形成串钱状（图 7-37）。当出现数量较多的肥大细胞（Mast Cell）时，是提示内脏型肥大细胞瘤或者肥大细胞瘤全身转移的临床表现（图 7-38）。不过在炎症疾病情况下也会出现少量的肥大细胞，因此，应予以注意。

　　感染犬瘟热病毒时，在红细胞或者红细胞中能见到包涵体。这些包涵体在嗜中性白细胞，单核细胞，淋巴细胞中也能见到（图 7-39）。

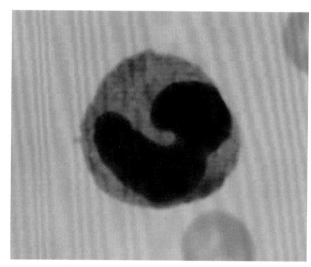

图 7-39　在狗血液吉瑞氏染色涂片见到的紫红色犬瘟热病毒包涵体

石田卓夫（赤坂动物医院，医疗主管）

细胞检查中发现异常细胞如何处置

建议

在医学领域，细胞诊断由称为具有细胞诊断士资格的专业人员担当，不是医生的工作。因此，动物医院护士诸位可以通过接受专门训练或者向同僚请教，能够很快地掌握发现异常细胞的技能。当发现异常细胞时，要正确记录，然后为了确认异常细胞可以向兽医师请教。

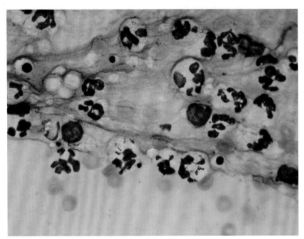

图 8-1 急性化脓性炎症（细菌性）。可见嗜中性白细胞核变性和吞噬细菌现象

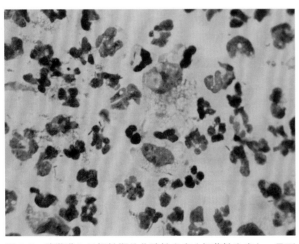

图 8-2 稍微进入了慢性期的化脓性炎症（细菌性炎症）。见到极少量的细菌，还出现了噬菌体

备用品

● 显微镜：广视野，准备 4 倍，10 倍，20 倍，40 倍和 100 倍物镜
● 血液涂片标本：为吉瑞氏染色后的封片标本
● 细胞诊断图谱

器具、器材一览表

● 吉氏染色液（Merck），瑞氏染色液（Merck），pH 值为 6.4 的染色用磷酸缓冲液，试管（10ml 以上），胶头吸管或注射器，染色用容器，干燥吹风机，载玻片，封胶（封胶剂），封胶容器，二甲苯（Xylol），甲醇，盛二甲苯的容器，染色用镊子

技术顺序

1. 是炎症还是肿瘤

从病理变化的角度，可分成炎症、肿瘤、或者炎症肿瘤混合存在情况。在细胞诊断中比较清楚地得知有无炎症，炎症的种类，恶性肿瘤的存在。就良性增殖本身是可以确定的，然而是过度形成的细胞还是良性肿瘤？单凭细胞诊断是不能判定的。在镜检开始之前首先判定为炎症、肿瘤或者是炎症肿瘤混合存在的情况。

作为大体上分类而言，如果是单一形态的细胞增殖，可考虑炎症以外的增生性变化；而在单一形态中有细胞杂乱无章，即细胞有多种形态时可怀疑恶性肿瘤。

参考后面讲述的恶性肿瘤的特征，如果有的话，可判定为恶性肿瘤，没有的话可以考虑良性肿瘤或者过度形成所致。另外，在炎症的场合，细胞集团混合存在的情况比较多见（几乎全部是嗜中性白细胞的化脓性炎症除外）（图 8-1~ 图 8-9）。

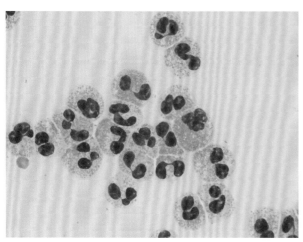

图 8-3 嗜酸性白细胞性炎症。只能见到嗜酸性白细胞

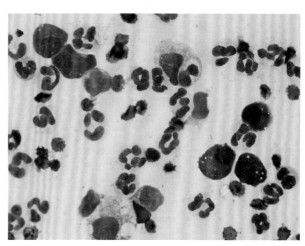

图 8-4 混合型炎症。可见到嗜中性白细胞，浆细胞，噬菌体

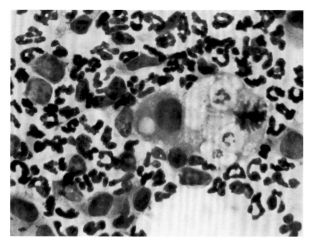

图 8-5 混合型炎症。可见到嗜中性白细胞，浆细胞，噬菌体

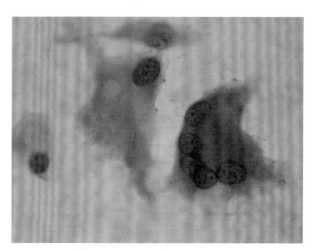

图 8-6 肉芽肿性炎症。巨大的异物细胞可明确判定为肿瘤细胞

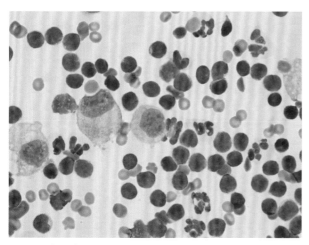

图 8-7 在乳腺胸部见到的慢性炎症。乳腺中加入淋巴细胞，是嗜中性白细胞性，噬菌体性炎症

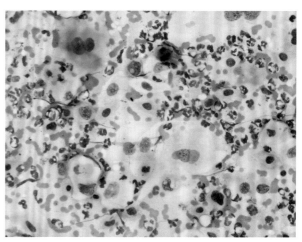

图 8-8 肿瘤和炎症混合存在。可见扁平上皮癌和化脓性炎症

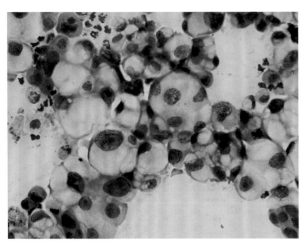

图 8-9 肿瘤和炎症混合存在。在癌性胸膜炎时出现的癌细胞块和炎性细胞

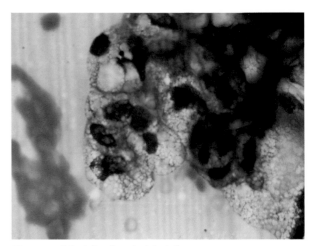

图 8-10 过度形成。皮脂腺过度形成

2. 何谓过度形成

过度形成是指正常组织的过度增殖。这是就一般统计上的意义而言，在某种情况下增殖会停止。故不会形成非常大的肿瘤。通常会见到正常组织体积增大的现象。其特征为，可以见到增殖现象和幼稚细胞，但不出现异型细胞或恶性变化。即作为增殖现象，也许可见到分裂现象，明显的小体，细胞质的嗜碱性，若干大型化的细胞等，可是细胞保持在正常组织中所见到的细胞形态，一定没发现如后面讲到的恶变现象（图 8-10~ 图 8-12）。

例如，在皮肤有皮脂腺过度形成情况，评价这种变化为非恶变是比较容易的，与此相对应的是，判断是过度形成呢还是良性皮脂腺瘤就不可能了。同样，在尿液中发现了多量的前列腺上皮细胞的场合，如缺乏异型性细胞（恶性表现）也可以考虑过度形成，可是，一定不能排除肿瘤的可能。

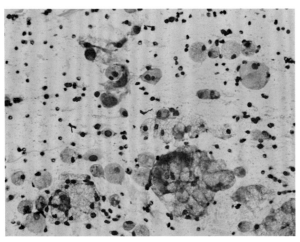

图 8-11 过度形成。唾液腺过度形成

作为其他过度形成的例子，在非炎症性漏出液腹水或者胸水中出现反应性脏层细胞。这是由被覆腹膜，胸膜表面的中皮细胞过度形成引起的。是一边在水中漂浮一边增殖的细胞。乍一看好像具有肿瘤细胞形态，可是仔细观察后发现，没有恶性变化，最重要的细胞核的恶性变化（图 8-13）。经过细胞学诊断为过度形成是没有问题的，但是，为了完全排除肿瘤，包括良性和恶性肿瘤有必要进行病理学检查。

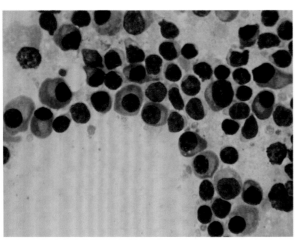

图 8-12 过度形成。淋巴结反应性过度形成。浆细胞增加是其特征

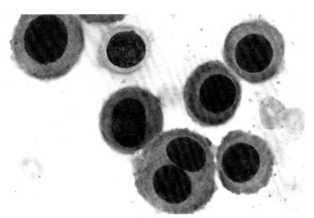

图 8-13 过度形成。被膜脏层细胞（中皮细胞）过度形成。在变性漏出液腹水中中皮细胞的反应性增殖

3. 何谓恶性病变

（1）应用细胞诊断吗

　　细胞诊断在判断是否为恶性肿瘤是有用的。为了进行确切诊断恶性肿瘤，有必要清楚恶性肿瘤细胞形态特征，以及和非恶性肿瘤细胞有哪些不同。所谓肿瘤，是脱离了管理细胞正常增殖和再生的制约机制的组织增殖。恶性肿瘤细胞的主要形态学特征是出现了细胞未分化现象。

　　但是，单纯从未分化观点上看，过度形成，良性肿瘤也含有多量的未分化细胞，而且还要知道的是，在上述情况下还存在着在细胞诊断上不能判定的恶性表现。在细胞诊断上进行判定的只是恶性表现之一的细胞异形，在恶性表现中，还存在着应该实施组织学评价的称为构造异形的情况。其中有细胞排列异常，坏死的存在，浸润性等各种各样的情况。

　　例如，在乳腺癌的诊断中经常出现这种情况，即细胞诊断见到多量幼稚上皮细胞集块为主要表现，怎么找也找不到细胞学重要的核的恶变表现，这种情况非常多见。可是将这些病变进行组织学检查时会发现伴有十分严重的构造异常，故诊断为恶性，这种情形也很多见。因此，在细胞学诊断上，明确的问题可以确切诊断，出现了不明确的问题要采取一边进行思考再行评价的方法为好。

（2）整体表现

　　作为细胞集群整体是否显示恶性肿瘤的基准是整体表现的恶性指标（表 8-1）。这些指标说到底是在用于恶性诊断上的辅助指标，只靠这些诊断为恶性是不可能的。用低倍镜可以明显观察到细胞集群的整体表现。

表 8-1　整体观察的恶性指标

大量的细胞（与预想相反）
单一的细胞群（与预想相反）
单一形态当中含有多形性
在那里出现了不该有的细胞

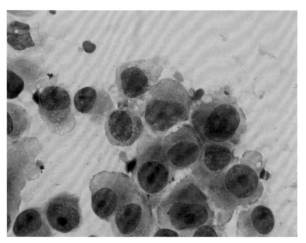

图 8-14 整体表现。能采集多量的细胞

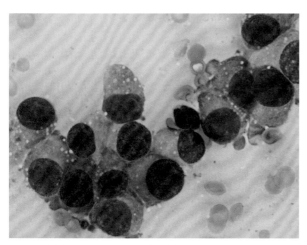

图 8-15 整体表现。单一细胞群中的多形性。虽然属于相同种类的细胞，但稍有不同

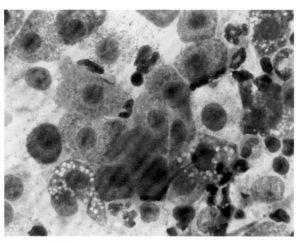

图 8-16 整体表现。出现了不该有的细胞。猫脾脏的肥大细胞瘤

表 8-2　细胞轮廓异常的恶性指标

非常大型细胞
形态奇怪的细胞
细胞的异常凝集

通常在很难得到细胞的部位获得了很多的细胞样本，也是怀疑肿瘤性变化的现象，作为整体情况可作为恶性表现（图 8-14）。

同样的，在某个部位和预想相反，获得了单一的细胞群，也可成为怀疑肿瘤的充分材料，有必要继续进一步实施检查。这里所说的和预想相反是重要的。在淋巴结活检时，获得单一的细胞群是预想之中的事，因此，单凭这个现象不能说是恶性表现。应该说，在单一的非炎性细胞群中出现了混杂有多形性（各种各样细胞混杂存在）的场合，成为恶性变化的重要整体表现为基准（单一形态中的多形性）（图 8-15）。

还有，在那里不该有的细胞在标本里出现了，可怀疑为恶性肿瘤。例如，在淋巴结抽吸材料中见到了上皮性表现集群，或者带有黑色素的细胞，应考虑是各种癌或恶性黑色素瘤转移的情况，在腹水或胸水中发现了扁平上皮细胞，应强烈怀疑呼吸系统或消化系统的扁平上皮能够发生变化的上皮的肿瘤化。其他方面，从肿大的脾脏，或消化道的肿瘤中检出肥大细胞，（图 8-16），在胸水中检出了癌的细胞团块，可认为是发现了恶性肿瘤。

（3）细胞轮廓异常

细胞轮廓异常是怀疑恶性变化的次级指标（表8-2）。在肿瘤细胞，容易发生细胞核的分裂异常，染色体数目异常等。因此，容易出现具有 2 倍体核（染色体数也是 2 倍）的细胞，这是细胞大小不同或多形性的原因之一。出现了相比较正常的组织细胞明显大型的细胞场合可成为怀疑恶性变化的有力证据（图 8-17）。

此外，如果细胞变大，通常核也会变大。见到大型细胞的分裂像时，核变大并不是染色体的大型化，通常是带有了相当多个数的染色体。在周围存在白细胞等炎症细胞的场合，容易比较大小。出现奇怪形态的细胞时比较容易发现细胞轮廓的异常，是缘于核的分裂异常，染色体数目异常等非形态异常。

就是说，相比正常组织细胞出现明显的不一样形态细胞时，可认为恶变程度极高的肿瘤。

表 8-3 核的恶变表现

核大小不等（通常直径的 2 倍以上）
含有大小不等核的多核细胞
核与细胞质的比例各种各样
大型的核小体（在红细胞大小以上）
异形核小体
复数核小体（5 个以上）
分裂频率显著增加
异常的分裂像
染色体数目异常
不完整的核膜
异常的核结节

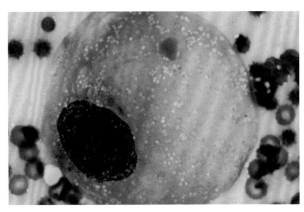

图 8-17　细胞轮廓。很大型的细胞。与红细胞相比可见

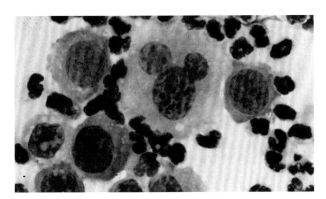

图 8-18　细胞轮廓，奇怪的细胞，米老鼠细胞

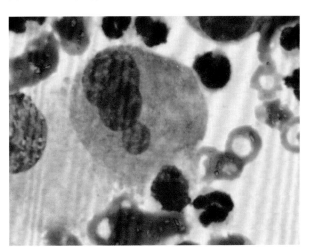

图 8-19　细胞轮廓。奇怪的细胞，饭团三兄弟细胞

所谓奇怪的细胞，是带有异常的核染色体类型的细胞，细胞轮廓从圆形，纺锤形，四角形到说不出形态的，带尾巴的，带有几个小突起的，看上去像米老鼠头部的多核巨细胞，带有多数的十分不规则形态核的大型细胞等（图 8-18）。

奇怪形态的本质是核的异常，或者是细胞质的形成异常，不会有其他的可能。细胞分裂异常可出现多核细胞，由于分裂的不均等可出现大核、小核现象（图 8-19），再加之核小体异常，核染色体异常，便产生了整体的异常现象。另外，细胞密度极高，细胞发生了异常凝集，是在腺癌等癌变中经常见到的现象（图 8-20）。非上皮性细胞，本来多数情况是取不到的，这是正常的现象，如果见到多量的紧密凝集现象，可考虑为恶性表现。

（4）核的恶性表现

在此之前的所见，虽然可称为"怀疑恶性变化"

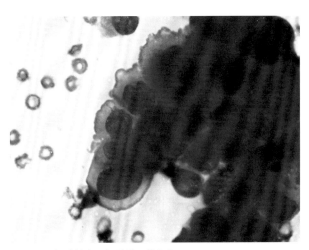

图 8-20　细胞轮廓。细胞的异常凝集

的现象，下面所述的核的恶性表现（表 8-3）与其他现象相比是非常重要的，是恶性肿瘤的细胞学诊断的基本知识。

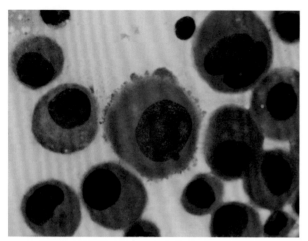

图 8-21 核的恶变表现。核的大小不等

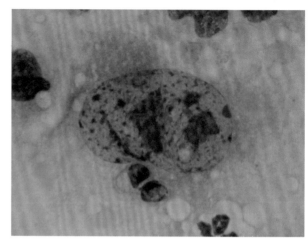

图 8-24 核的恶变表现。大型的核小体

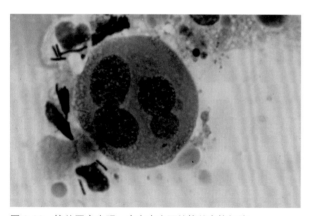

图 8-22 核的恶变表现。含有大小不等核的多核细胞

恶性细胞核的变化，可认为是基因或者是染色体水平异常的大致表现。但是，在表现为幼稚化的过度形成细胞中，有时也能见到 1~2 个恶变现象，并且，在单纯的分裂亢进的过程中也能见到这种现象，因此，为了确定某些细胞集团发生恶性变的诊断，通常要发现 4~5 个恶变表现才能判定为恶性。

特别是在胸腔内，腹腔内潴留液的细胞学诊断中，为了严格鉴别反应性中皮细胞和恶性中皮细胞，发现了 5 个恶性表现时判定为恶性的做法比较稳妥。

核的大小不等（图 8-21）是由于不均等分裂导致的。而且，残留了 1~2 条染色体，其有返回了细胞核的场合，也能形成小的细胞核。然后其结果就出现了含有大小不等核的多核细胞（图 8-22）。

见到核大小不等时，核与细胞质的比例各种各样，即经常见到细胞质较多的细胞和较少的细胞（图 8-23）。核小体的异常，是恶变表现中可信度最高的现象。所谓大型核小体，是指直接在红细胞以上的小体，即超过 6~7μm 的小体（图 8-24）。

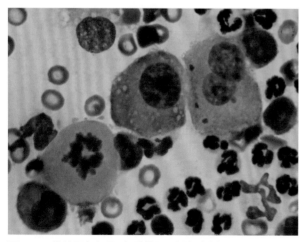

图 8-23 核的恶变表现。细胞核质比例各种各样

所谓异常核小体，说的是相对于正常的圆形核小体，表现为边缘不整的核小体。经常见到的是长圆形或者带有不规则切迹（图 8-25）。在过度形成场合分裂增殖旺盛的细胞中，有时可见到不多于 3、4 个小型化核小体，如果见到 5 个以上的核小体判定为恶变表现（图 8-26）。存在分裂像的自体虽然不能算作恶变表现，但分裂频率显著增加时就是恶变表现了（图 8-27）。

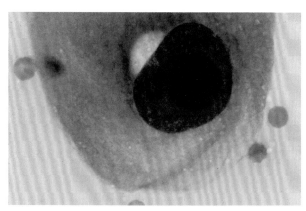

图 8-25　核的恶变表现。异形核小体

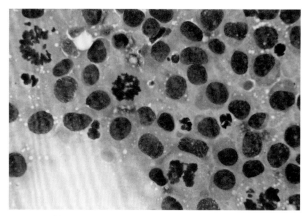

图 8-27　核的恶变表现。分裂频率显著增加

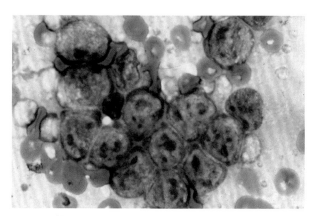

图 8-26　核的恶变表现。多数（5 个以上）核小体

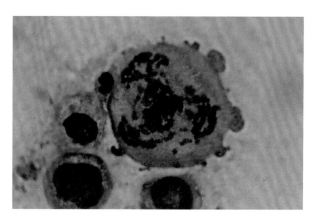

图 8-28　核的恶变表现。染色体数目异常

例如，在油镜视野中见到多数的分裂像就可认为是分裂频率增加（图 8-27）。核的大小不同等，产生细胞形态各异的原因是异常的细胞分裂，其中，多级分裂（通常是 2 倍体分裂，可是也有 3、4 极分裂的情况），表示为染色体黏度变化的搭桥的形成（分裂成两极时见到好似丝状链接的情形）。

表现出不均等的分裂等（图 8-28）。体细胞（生殖细胞除外）分裂时染色体数是成倍增加的，分裂后恢复至原来的染色体数目，可是在细胞分裂异常情况下存在于分裂期的细胞核不分裂，返回至休止期的细胞核中，该细胞核便成了倍数体。而且，如果细胞核分裂后不伴有细胞质分裂的话，便形成了双核细胞。这样一来，便出现了倍数体核或者多核细胞。因此，可以认为，伴有异常的染色体数目的分裂像也可认为是恶性变化现象之一（图 8-29）。

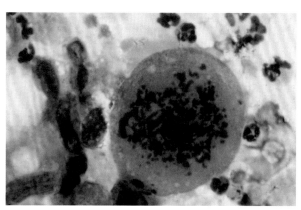

图 8-29　在狗的末梢血液里一般见不到嗜碱性白细胞，如果出现显示某种异常情况

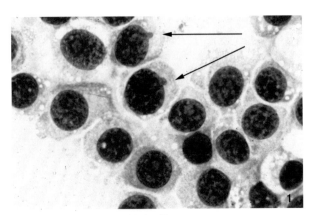

图 8-30　核的恶变表现。核膜不整

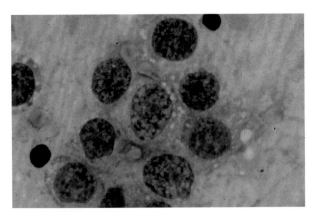

图 8-31　核的恶变表现。异常的核染色体结节

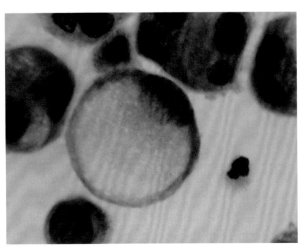

图 8-32　细胞质的表现。印环细胞。分泌腺上皮腺癌

　　作为核膜不整现象，是指圆形也好椭圆形也好，本来应该是圆滑的核周围出现了凸出或者切迹（图 8-30），核结节异常，是指在核中见到网状结构的异常现象，一定是发生了什么异常的情况。是脱离了正常细胞形态的异常，在来源不明的细胞场合，是何种正常的情况尚不清楚。像这种情况，具有看不出是何种组织的细胞且带有奇怪的网状结构，形成异常的核结节等，看作是恶性变化的标准为好（图 8-31）。

　　通常，发现了 5 个以上的这些恶性变化表现可以判定为恶变。但是，没看到 5 个恶变表现，事实上已经发生了恶性肿瘤的情况也存在。

　　因此，发现了 5 个表现，首先可判定为恶变，在不满 5 个的场合下也有判定为恶性肿瘤的情况，这点请一定要记住。作为没发现 5 个表现也判定为恶变的肿瘤，有狗的肥大细胞瘤（多量出现是自身恶变的表现，由于颗粒的存在不易看到核的详细情况），淋巴瘤（幼稚细胞比例 > 30% 即可诊断），部分乳腺癌等。

（5）细胞质的异常

　　细胞质的异常不能作为判定恶变的第一标准。因此，恶性变化的主要判定标准如前述所列，尤其是应该根据核的变化来判定。但是，在有细胞核恶变表现

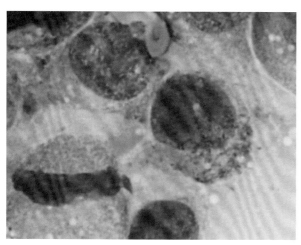

图 8-33　细胞质的表现。产生细胞黑色素的肿瘤

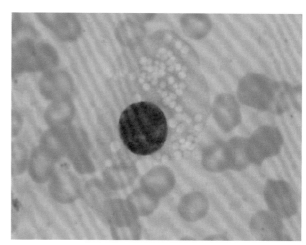

图 8-35　细胞质的表现。内分泌腺肿瘤特有的脂肪空泡

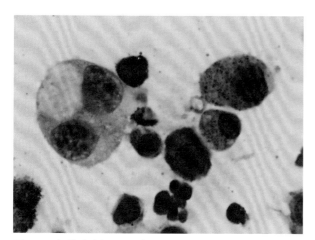

图 8-34　细胞质的表现。肥大细胞瘤的嗜蓝色颗粒

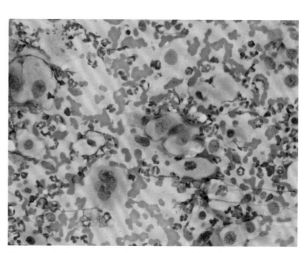

图 8-36　细胞质的表现。在扁平上皮癌特有的广阔细胞质和角质蛋白空色

的细胞中经常可见到细胞质的变化，由于存在这种现象，因此，在判定恶变时可以用作诊断的辅助。

　　作为细胞质的表现，可列举嗜碱性细胞质，形成空泡，特殊颗粒等，有时在判定细胞来源上是有用的。在分泌腺上皮中，有细胞质中充满分泌物的印环细胞（图 8-32）。

　　在黑色素瘤场合的黑色素颗粒（图 8-33），在肥大细胞瘤中见到的特征性的嗜碱性颗粒（图 8-34），在内分泌腺上皮细胞里特有的脂肪空泡（图 8-35），在伴有角质化扁平上皮癌可见到角质蛋白（吉瑞氏染色时为空色）（图 8-36）。

 技术的要领、要点

● 正确制作涂片的方法，正确的染色方法是必须的。
● 熟练使用显微镜是必要的。
● 动物医院护士没有必要进行诊断。
● 何时发现异常表现都要向兽医师报告。

定期健康诊断和术前检查

近年来，动物医院的工作内容和动物医院护士的作用发生了很大的变化。自此之前，动物医院的工作主要是疾病的治疗和预防接种。然而，很多动物主人希望有关于健康的多种服务以及更高质量的医疗服务。为了适应这种需求，兽医师和兽医师以外的动物医院的工作人员有必要联起手来完成新的工作内容。

在评价好的动物医院时，必须有优秀的兽医师以外的工作人员（前台，护士，训导员等），不具备这样条件的动物医院有二流化的倾向。

图 9-1　在健康诊断中，友好地进行减肥指导是动物医院护士的重要工作

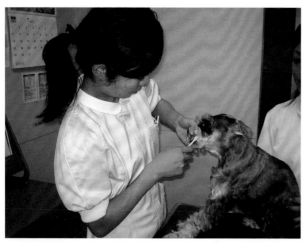

图 9-2　在定期健康诊断时指导正确的刷牙的方法。这也是动物医院护士的重要工作

技术顺序

动物医院的使命是提供高质量的动物医疗，这是理所当然的。而进一步的作为服务于顾客的各项内容是客户要求的，如定期健康诊断，调教、讲解教室，整形外科（整形外科手术后等），入院动物的精心护理等，为了实施这些内容，动物医院护士和兽医师的通力合作是不可或缺的。

其中，希望以动物医院护士为主实施的工作是定期健康诊断。从把定期健康诊断或者称为狗宝宝体检作为动物医院护士的一项工作开始，以前作为辅助角色的动物医院护士，直接从事于众多的伴侣动物健康管理工作，不但可以激发她们的工作热情而且也有利于动物医院的发展。

包括定期健康诊断在内的以健康维护为目的有各种想法，最好还是用"健康管理"这个词汇来表述。健康管理的概念，即把所谓真正疾病之外的齿科疾病，寄生虫疾病，遗传性疾病，肥胖，生殖器官疾病等，通过日常健康管理，预防医疗等措施，尽量维持最佳的健康状态。例如，避孕、去势手术为伴侣动物健康管理的绝对必要的操作，但必须实施全身麻醉，这是必要的（图 9-1）。

如果普及了健康管理的概念，对于不是真正疾病的健康动物，为了去除牙石，避孕，去势手术等，而实施的全身麻醉或者外科处置的机会就会增多。我们兽医师在鼓励动物主人实施这些处置的同时，必须最大限度地保障全身麻醉或者外科处置的安全性。

只是简单的体检到没有必要保障麻醉或者外科处置的安全性，在实施确切检查时，要向动物主人说明虽然不能保证 100% 不出问题，但基本上是安全的，使麻醉或外科处置等实施必要的健康管理操作成为可能。

对于术前检查，如果是能够进行日常健康诊断、狗宝宝体检的动物医院护士，就可以容易地实施了。就是说，只要实施定期健康诊断中的一部分就行了。

1. 为什么定期健康诊断是必要的

带着健康管理的理念，为了能够使伴侣动物健康而且长寿，动物医院进行各种健康管理工作，一定是今后动物医疗的中心工作。为了使珍贵的伴侣动物保持长久健康的生存状态，查看动物体况的微妙变化，做到早发现，早治疗的同时，有必要把特殊的健康管理程序（注意品种特异性疾病）向动物主人提出建议。例如，在西施犬和卡巴利亚犬的健康诊断时，心脏疾病，过敏性皮炎，外耳炎发生率较高，希望对这些问题引起注意，以便早发现，早治疗，维持管理。依靠早期发现二尖瓣闭锁不全，使用 ACE 阻断剂等实施适当的预防是可能的。

在动物医院日常诊疗时，由于注意力集中于日常疾病，从现实情况来说，以长远角度进行的健康管理工作是不可能进行的。因此，可以用充分的时间进行仔细的全身检查的定期健康诊断是非常重要的。

可能已经开始实施定期健康诊断的动物医院也很多，但是，在这里将新的定期健康诊断程序，从现在开始以确实地开展起来为前提，对包括如何开始实施在内的方法进行介绍。

2. 定期健康诊断的实施准备

（1）启发动物主人

动物医院工作人员经常把定期健康诊断以及健康管理的重要性贯穿于日常业务，同时在和动物主人谈话中进行鼓励，强调是重要的。请解释相比在已经发

图 9-3a　狗宝宝健康诊断宣传画样本。用电脑软件印成小册子（A4 对开，双面印刷）

健康诊断就诊时注意事项

- 动物健康诊断实行完全预约制；
- 希望进行健康诊断的动物主人请于一周前预约；
- 进行健康诊断的时间为平日的周一至周五；
- 检查当天请于上午 10 点以前来院就诊；
- 检查需要一整天时间，宠物于下午 5 点以后才能回家（挂号时请确认检查结束时间）；
- 关于检查结果，在检查结束时由兽医师直接向动物主人报告，因此，请能接收检查结果的人士前来接动物并接收兽医师的检查结果报告；
- 动物在检查当天的前一天晚上 9 点以后开始进食（进食会影响检查结果。可以少量饮水）
- 检查当天请带来粪便检查和尿检查的粪样和尿样（当天如不能检查粪尿，会给您免费检查卷，以便下次采样、检查）；
- 对于不配合检查的动物有可能进行镇静处置。此时会电话联系并取得您的同意，当联系不上时会停止检查。故在检查当天请将能联系上的手机号或其他联系方式告知前台；
- 在检查当天如果还希望进行其他检查、诊断和治疗等，请事前告知前台。

其他的主要检查项目（其他费用：全部含税）：

- 猫白血病病毒、猫艾滋病病毒检查组合：**** 日元；
- 猫弓形体检查：**** 日元
- 猫传染性腹膜炎检查：**** 日元；
- 过敏的血清学检查 94 项：**** 日元；
- 心脏超声波检查（彩超，测各种血流变指标）：**** 日元；
- 猫甲状腺机能检测组合 T4.FT4：**** 日元；
- 犬甲状腺机能检查组合 T4.FT4：**** 日元；
- 肝功精密检查组合　猫一小、中型犬：**** 日元；大型犬：**** 日元（放射性检查、超声波检查、餐前后氨检查以及总胆汁酸值测定）；
- 找不到家的狗狗必备！
  植入电子芯片（个体识别装置）**** 日元；
  即使找不到家，通过这种电子个体识别系统也能迅速判明主人及狗的名字

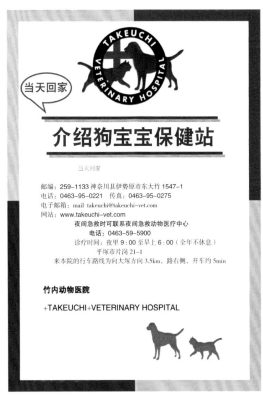

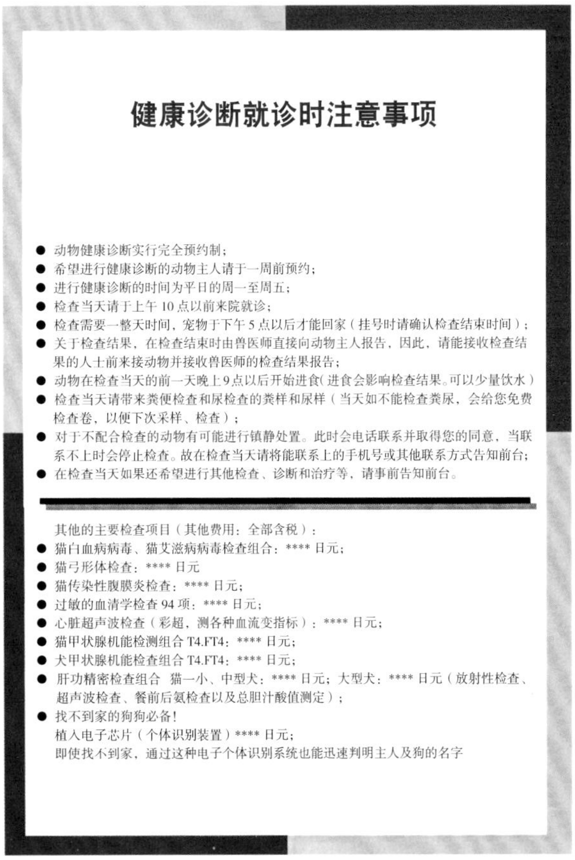

图 9-3b

一般身体检查

一般身体检查包括：
● 听诊（心音、呼吸音及腹部听诊），测体温及测体重；
● 姿势、步态及关节检查；
● 骨骼、眼、耳、鼻、喉、牙齿、皮肤及淋巴结等综合检查。
通过以上检查，兽医师可以获得判断宠物是否发生关节异常、齿科疾病、心脏疾病、呼吸器官疾病、眼科疾病及皮肤疾病等重要诊断信息。就诊前向兽医师或动物医院护士介绍关于您的宠物行为、饮食情况、驱虫情况以及健康管理等情况；此时是畜主和兽医师或者动物医院护士交流的极好机会，也是进一步使健康管理计划成果最大化的机会。

粪检（查虫卵或寄生虫）
通过粪检可以确认您的宠物是否有寄生虫。如果发现了寄生虫要进行确实的驱虫措施。

血液检查
● 血清蛋白检查：TP、Alb、Glob；
● 肾机能检查：BUN、Crea；
● 肝功检查：ALT、ALKP；
● 血液脂检查：Tcho
● 血糖测定：Glu；
● 血液电解质测定：Na、K、Cl；
● 血液学检查：QBC-V（红细胞、白细胞及血小板状态）；
● 甲状腺机能检查 T4（甲状腺激素）

X 光检查
● 胸片：纵、横向 2 张，腹片：纵、横向 2 张；共计 4 张 X 光照片，以此判断胸、腹部情况。

心电图检查
测定心脏的活动电位。可以查出听诊查不出来的，比如心律不齐等心脏问题。本院有心电图电脑辅助诊断设备，可以帮助准确诊断心脏问题。

尿检查
● 试纸检查：尿糖、酮体、潜血、酸碱度、比重、颜色、胆红素、尿胆原以及尿蛋白等；
● 显微镜检查：直接用显微镜检查尿的详细成分。

超声波检查
可以确认 X 光不易确认的心脏形态的异常以及发现肿瘤方面发挥重要作用。

图 9-3c

介绍宠物体检（比通常费用降低 30%）
为了使您的宠物更加健康、长寿，准备了各种体检套餐。在各种检查项目中，请选择适合您家宠物的体检套餐。
（体检费用均含税）

1）1 岁体检套餐
● 一般身体检查；
● 尿检查；
● 粪便检查；
● 血液检查；
● 检查费用：
　　**** 日元→ **** 日元

2）A 套餐 成年宠物
● 一般身体检查；
● 尿检查；
● 血液检查；
● X 光检查。
● 检查费用：
　　猫～中、小型犬 通常价格 **** 日元→ **** 日元
　　大型犬 通常价格 **** 日元→ **** 日元

3）B 套餐 中老年宠物
● A 套餐检查项目；
● T4（甲状腺）检查；
● 检查费用：
　　猫～中、小型犬 通常价格 **** 日元→ **** 日元
　　大型犬 通常价格 **** 日元→ **** 日元

4）C 套餐 老年宠物
● A 套餐检查项目；
● T4（甲状腺）检查；
● 心电图检查；
● 超声波检查；
● 检查费用：
　　猫～中、小型犬 通常价格 **** 日元→ **** 日元
　　大型犬 通常价格 **** 日元→ **** 日元

图 9-3d

生疾病状态下依靠治疗进行救治，在定期健康诊断中做到早发现，早治疗，疾病痊愈率显著增高，而且还可以大大节省治疗费用。

例如，控制了牙周病保持健康牙齿的伴侣动物的平均寿命大概可以延长 2 年左右等，提供统计学上的实例也是很有效果的（图 9-2）。

● 早期治疗价格便宜。
● 早期治疗痊愈率高。
● 把牙齿健康等平均寿命提高 2 年左右……这种健康管理信息经常地向动物主人发送（在健康诊断中一定要进行牙的健康诊断）。
● 常见品种特异性的疾病，遗传性疾病的预测，以便早期预防（杂种犬的特应性皮炎，卡巴利亚犬的心脏病，M. 达克斯犬的椎间盘疾病等）。
● 应注意在不同年龄常发的疾病的预测（狗的心脏瓣膜病，猫的甲状腺机能亢进）。

（2）宣传资料制作（图 9-3a，图 9-3b，图 9-3c，图 9-3d）

实施健康诊断时，首先必须要做的事是准备健康诊断用的宣传资料。宣传资料中应包括定期健康诊断的必要性，检查项目及其意义，不同年龄检查项目的确定和不同检查项目的费用等，将要开始进行健康诊断的全部内容。

参考本院的宣传资料，首先根据自己医院的规模，设备，人员情况，开始制作宣传资料吧。我们医院宣传资料内容的 80% 以上是以和医院护士们商量的方案为基础制作的。

有必要定期更新宣传资料内容，因此，比起委托印刷厂家印刷资料，利用自己本院的电脑和彩色打印机自制宣传资料更好。使用微软公司的制作软件，做成 A4 纸一半大小双面印刷的册子，就成了样式不错的宣传资料了。

印刷资料的库存要占用额外的空间，故只打印所需的份数就可以了，这对于小规模的动物医院来讲是很合适的。利用双面印刷的小册子格式，如果在里面增加用于记事的空格的特殊设计，也可以做成多页册子。

● 以护士为主要力量制作宣传资料。

- 在前台醒目位置放置定期健康诊断宣传资料（图9-4）。
- 在诊疗室里也放置宣传资料（直接说明后交给动物主人是很有效的）。
- 在接待室里也要贴上启发用粘贴画。
- 很好地利用电脑（修改印刷错误，适时印刷资料）
- 宣传资料要用彩色印刷。
- 院内共享局域网可节约库存空间，及时更新最新信息。
- 利用网络资源（电子杂志，家庭网页）进行宣传。
- 在接待室放置能随便拿起来看的《狗宝宝养护常识书》（图9-5，图9-6）。

（3）介绍打折规定

定期健康诊断不同于平常的诊疗检查，因为基本上是对健康动物的检查，检查成本及人工费用比通常的诊疗一定可以节省的。这部分节约下来的成本即使从综合收费里打折出去也不会成为医院的经营负担。

在本院，设定了比日常诊疗费用低 20%~30% 的折扣价格。在定期健康诊断中间，也经常出现有必要增加检查项目的情况，追加费用也要明确标识为好。价格的设定一定要准备几档变化的价目表。此外，作为对献血动物，美容会员等重点服务项目，也赠送表示感谢之意的健康诊断。

- 强调比日常诊疗低的价格（低 20%~30%）。
- 必须制完 A，B，C 各档组合检查项目价格标准（图9-3d）。
- 明确追加检查的规定。
- 作为对献血者，介绍其他来院就诊患病动物的人的一项服务措施。
- 作为对美容会员动物的重点服务内容。

（4）MD（邮寄广告内容介绍）的实施

一般所谓MD是指具有广告内容的邮寄物，而动物医院的MD采用介绍服务内容的明信片，内容介绍的资料比较合适。广告是针对非特定多数人的宣传资料，而服务内容介绍资料是对特定有需求客户提供的

图9-4　在接待室的前台放置宣传资料

图9-5　在接待室放置狗宝宝的朋友的照片，在旁边放置以前的影集

图9-6　以前的狗宝宝的影集

55

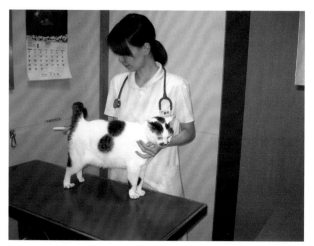

图 9-7　体温测定

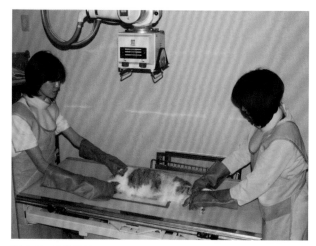

图 9-10　X 线检查

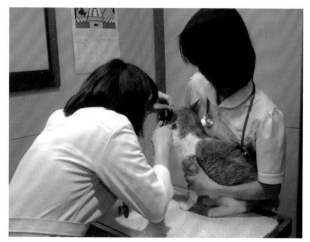

图 9-8　用耳镜做耳检查

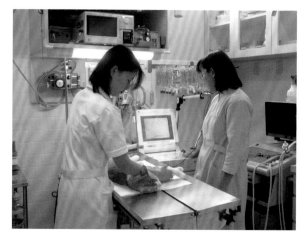

图 9-11　心电图检查

图 9-9　采血情景

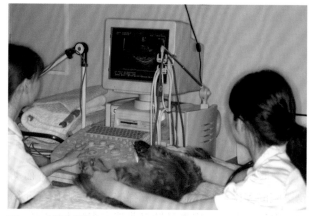

图 9-12　超声波检查

适当的情报信息（信息）。动物医院前台使用的电脑内存成为筛选、检索投送对象的最强的工具。一定利用好这个检索系统，提供适当的信息，介绍。

定期健康诊断的 MD 对象可依靠以下标准进行选择，定期进行发送。

- 一岁时的检查。
- 生日体检。
- 在丝虫症检查时的同时服务项目。
- 在疫苗 MD 同时介绍。
- 用计算机检索出消费额较高的顾客，来院次数较多的顾客等。

（5）完全预约制是要点

定期健康诊断实行完全预约制。大约 1~2 名护士花几小时进行检查，因此，设定以下基准，如果不是在时间方便的时机接受预约的话，势必会影响日常的诊疗工作。因为不是紧急性的诊疗，是需要仔细实施的工作。还有，在工作人员比较闲暇的星期日，在工作相比较不太紧张的季节，这种新增的服务性工作增加较多，对于销售额贡献较多，进一步发展的话，一年的销售额变成了平均化。

- 不混杂其他工作的周休日（避开周六）。
- 1~3 月份医院空闲的时候。
- 对动物医院空闲季节销售额的贡献。
- 节约人工费和稳定的每年销售额。

（6）动物医院护士的工作

定期健康诊断的大约 90% 的工作是由动物医院护士承担。

为了使动物医院护士能自己担负健康诊断工作，应在平时训练她们掌握基本的身体检查，血液检查，X 线检查，心电图检查，以及超声波检查技术（就是说，对身体检查，血液检查的检查训练也有帮助），这一定对于医院的运作越来越有所帮助。另外，形成了动物医院护士对于工作的自觉性和独立性氛围，提高工作意愿。所有的检查由兽医师确认。

（7）检查顺序

在定期健康诊断中最基本的检查是身体检查。进行仔细的全身检查。其顺序为，必须按照身体检查用表格（或者专用卡片）。每当各项检查完了后进行确认，以便使检查遗漏降到最低。

- 完整的身体检查（图 9-7，图 9-8）。
- 血液检查（CBC，血液生化）（图 9-9）。
- X 线检查（图 9-10）。
- 心电图检查（图 9-11）。
- 其他检查（腹部超声波检查，胸部超声波检查，激素等特殊检查）（图 9-12）。
- 由于检查当天早晨禁食，故请动物主人带上饭盒，当采血、X 线检查完了后可给动物进食。

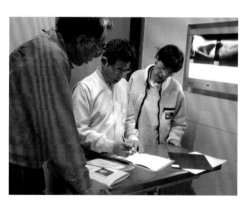

图 9-13

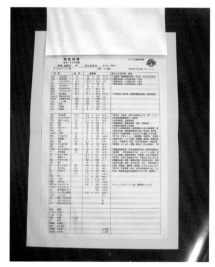

图 9-14

57

No
09

图 9-15　检查结果报告书封面，如果将该动物的纪念照片放上的话，动物主人一定会很高兴

图 9-16　用宠物宝贝倩影装饰的漂亮的家庭照片

图 9-17　在圣诞节时期穿上应景盛装进行宠物宝宝的纪念摄影

（8）报告书

检查结果的报告、说明是定期健康诊断最重要的工作。关于这些问题的说明必须由兽医师进行（图9-13，图9-14）。有在检查当日在接待时就说明，也可以在日后进行详细说明。请根据各个动物医院的实际情况自行选择。如能在检查当日就能判明结果，就可以节约时间，因此，动物主人是很高兴的。不过在兽医师解释报告之前，需要足够的时间和护士进行细节磋商才行。

多数情况，可说明去除牙石，避孕、去势手术的必要性，也会发现肿瘤，增生等情况。在报告结果时要对这些情况加以说明，并可在同时预约手术时间。当然，由于本定期健康诊断结果可以作为术前检查之用，故可顺利地实施麻醉处置，使实施健康管理计划成为可能。

● 做成好看的样子交给动物主人（做成漂亮的报告书）（图9-15~ 图9-17）。

● 照几张纪念照片，以便使动物主人下次还想再来做健康诊断。

● 一定请兽医师做最后的诊断和说明。

● 如果发现了疾病情况，要说明尽早地开展适当的治疗为好。

（9）术前检查

关于术前检查的概念请参考（图9-18）。如果能够进行定期健康检查应该没什么问题了。可是，为了将风险降到最低限度，一般要进行规定的6项血液检查项目（图9-19），对于高龄动物以及高危动物要适当增加检查项目。

所谓血液检查CBC（全血细胞计数），是指不光用细胞计算机计数白细胞、红细胞、血红蛋白量、红细胞体积以及血小板等，还要用显微镜镜检并评价白细胞的分类、红细胞及血小板的形态。关于CBC，如果动物医院护士能够进行此项检查是最好的，请一定尝试做一下。

（10）总结

在本院，每天早上都要开早会。这个早会在业务开始前的8:45~9:00进行，主持人由全体工作人员按顺序执行。当值主持人不区别是前台还是动物医院护

58

士或是当班的兽医师。首先确认当天的工作内容，从确定预定的手术、狗宝宝体检、迎送、往诊以及美容等事项开始，再确认外来诊疗助手，负责入院治疗的人员，入院治疗动物的护理人员。并且还要确认当天预定出院动物，也要确认住院动物的状态。

动物医院的全部业务是由兽医师之外的工作人员和兽医师共同来承担的，为了推进完成共同业务，有必要掌握全体工作人员当天担当的业务状况。

在本章介绍的"定期健康检查／狗宝宝体检"内容里，希望特别注意的重点是，动物检查诊断是以动物医院护士为主开展的工作，在这方面尽量不要增加动物医院院长或兽医师的工作量，在不增加院长或者兽医师工作量的情况下，想办法努力提高动物医院销售额以及改善动物医院的形象，这样动物医院院长就会越来越理解和重视动物医院护士的工作，院长也会协助我们的健康诊断业务。

竹内和义（竹内动物医院）

定期健康诊断和术前检查

健康诊断书

2007 年 6 月 4 日

护士姓名：竹内　　　动物名：古丽斯　　　年龄：9 岁 7 个月　　　体重：5.2kg　　　体温 38.3℃

全身状况	正常△ 异常△	营养状况：正 异△　　　　步态：正〇 异　　　姿势：正〇 异 其它方面：稍胖
皮肤	正常△ 异常△	被毛状态：正〇 异　　　脚爪状态：正〇 异　　　皮肤状态：正〇异△ 外部寄生虫：正〇异　　　其它方面：脱毛
肌肉、骨骼	正常〇 异常	头部位置：正〇 异　　　跛形：正〇 异　　　关节：正〇 异 其它方面：_____
循环器官	正常△ 异常△	脉搏：正〇 异 84 次/min　　　听诊：正 异△ 少许心脏杂音　程度 1/6~2/6
呼吸器官	正常〇 异常	鼻腔：正〇 异　　呼吸听诊：正〇 异 60 次/min 其它方面：_____
消化器官	正常〇 异常	口腔内：正〇 异　　听诊：（肠蠕动音）正〇 异 肛门状态：正〇 异　　肛门腺正〇 异
泌尿生殖器官	正常〇 异常	睾丸状态：正 异　其它方面：完成去势手术
眼睛	正常△ 异常△	角膜：正〇 异　　结膜：正〇 异　　眼睑：正〇 异 瞳孔：正〇 异　　其它方面：白内障初期
耳朵	正常△ 异常△	耳廓：正 异△　　耳道：正 异△　　感染、螨：正〇 异 其它方面：耳廓有皮炎
口腔、牙齿	正常△ 异常△	牙齿：正〇 异　　牙石：正 异△上颚严重　　齿龈炎：正 异△中度 口臭：正 异△　　其它方面：下颚中度内兜齿
淋巴结	正常〇 异常	颌下淋巴结：正〇 异　　颈浅淋巴结：正〇 异　　腋下淋巴结：正〇 异　腹股沟淋巴结：正〇 异　　膝窝淋巴结：正〇 异
粪检、虫卵		直接法 +（____）、— 漂浮法 +（____）、—
尿检查 （穿刺）		（尿检数据） 尿胆素：—　潜血：—　胆红素：—　酮体：— 葡萄糖：—　尿蛋白：—　PH 测试仪：7.0　酸碱度：7.5 尿比重：通过　颜色：黄色 （尿沉渣） 变形上皮细胞：0~1 个/HPF　　白细胞：1~2/HPF 扁平上皮细胞：少量　红细胞：少量　细菌：—　结晶：—脂肪滴：+
说明		◎古丽斯稍胖。肥胖会加重心脏负担，请予以充分注意； ◎心脏有少许杂音。 ◎开始有白内障现象。为歇制进展请点眼药，而且在暗处视力已经减退，请在白天遛狗为好。 ◎耳内有污物，今天已清理干净。 ◎有重度牙石以齿龈炎。请在麻醉下进行一次清除牙石作业，彻底清洁一下口腔如何？ ◎有脱毛现象。并且在耳廓有皮炎。详细情况请由院长说明。 ◎在血液学检查中表示甲状腺机能的指标低下。详细情况请院长说明。

图 9-18　健康诊断书例子

麻醉、手术前检查同意书

健康管理动物医院
院长、兽医师：竹内 和义

　　本院为了安全地实施麻醉、手术，必须进行最低限度的下列检查。很多麻醉药是由肝脏、肾脏排出体外的。因此，有必要事先确认这些脏器的健康情况。还有血细胞数（红细胞、白细胞及血小板等）在正常范围内对机体组织的正常机能和康复是必不可少的条件。故要进行检查。

　　（检查项目）

　　1. CBC（全血细胞计数）：白细胞数、红细胞数、血红蛋白量、红细胞容积、血小板数和形态；

　　2.gPT：肝脏损害程度的指标；

　　3. ALKP：（碱性磷酸酶）：在肝胆系统、骨骼及肾上腺异常时上升；

　　4. TP：（血清总蛋白）和 Alb（血清白蛋白）：血清蛋白平衡和肝脏机能指标；

　　5. BUN 和 Cre(血清尿素氮和胆红素)：肾脏机能指标；

　　6.glu（血糖值）：血糖值在患糖尿病等疾病时上升。

这些项目的检查费用为：**** 日元

如果上述检查项目中出现异常时，要选择下面列出的处理方法：

　　1. 延期实施麻醉、手术；

　　2. 为探明原因追加检查项目；

　　3. 可以尝试进行麻醉、手术，但要变更麻醉药物或者手术、处置方法；

　　即使这些检查项目全部正常，也不能完全避免麻醉过程中的不良反应，只是意味着您的宠物没有健康问题，对于实施麻醉、手术的危险性很低。如果想获得更详细的有关血液检查项目或者麻醉方面知识，请无需多虑来面谈。本院的兽医师或者工作人员很高兴为您解答问题。

　　认可血液检查请签名＿＿＿＿＿＿＿＿＿＿＿＿＿＿＿＿　　印章

　　今天能使用的联系电话 ＿＿＿＿＿＿＿（　　　）＿＿＿

　　传真号码＿＿＿＿＿＿＿＿＿（　　　）＿＿＿＿＿

　　如果不同意检查请在此处签名＿＿＿＿＿＿＿＿＿＿＿

　　说明：任何麻醉都有发生重大危险的可能性。本院为了实施更安全的麻醉，已经收集、准备了很多知识和信息。

　　本院装备了最先进的院内检查仪器设备，血液检查结果在30min内即可报告。如果想要知道检查结果，请事先说明。通常本院只在检查结果异常时通知动物主人，故请如约在手术、入院当日禁食早饭，在上午10点之前来院就诊。

图 9-19　麻醉、手术前检查同意书例子

向检查中心移送样本的方法

建议

不是所有的检查项目都能在本院内进行。因此，有些检查项目要依靠社会上专门进行临床检查的公司（检查中心）完成。通常将这种业务称为检查外包或者委托检查。进行委托检查的方式大体上分两种。一种是由检查中心方面来取样的方法，另一种是送检方式。下面主要介绍送样时的注意事项。

表 10-1 血液抗凝剂和主要检查项目

抗凝剂	主要检查项目
EDTA	肾上腺皮质激素，ACTH，血液涂片镜检等
肝素	病毒检查，血液生化检查等
枸橼酸钠	凝血机能检查等

表 10-2 离心条件

转数（rpm）＝离心力（G）105×1 118×半径（cm）

G：分离血清，血浆时必要的离心力；

半径：离心机旋转半径

★转数与半径的大致对应关系（转子中心～试管底部）

半径（cm）	转数（rpm）	半径（cm）	转数（rpm）
10	4 200	22	2 600
12	3 800	24	2 700
14	3 500	26	2 600
16	3 300	28	2 500
18	3 100	30	2 400
20	3 000	—	—

备品

● 采血及专用采血容器。如果不使用检查项目专用抗凝剂，有时不能得出正确的结果（表 10-1）

● 样本送检容器。送检中不会外漏的容器，请选择适合各个样本的容器

● 使用缓冲材料，棉花或者缓冲泡沫塑料可减轻运输中的冲击

● 冷藏剂。选择冷藏 / 冷冻等条件，根据检查项目要求以适当温度运送，夏季基本是冷藏

● 应急塑料袋。可用于血液 / 组织样本，应对运输中万一的外漏情况

器具、器材一览表

● 离心机。离心机是正确诊断必备的设备，有小的桌上型便捷式的。型号不同离心力也不同（表 10-2）

● 分注用移液器。采集少量血液或血浆时用移液器比注射器安全

● 深形密闭容器（锁扣盒）。固定大的组织时使用深形盒比较方便。一定要准备能密闭的容器

技术顺序

样本的种类

进行委托检查时，依检查项目不同有各种类型的样本，不过大体上分为以下 4 类。

①血液样本……用于内分泌检查，特殊病毒检查等。

②载玻片样本……用于细胞检查，血液 / 骨髓涂片等。

③组织样本……用于病理组织学检查等。

④体液样本……用于细菌培养。

（1）抗凝剂特点

在使用血液的检查项目中，几乎没有不经处理就能外送的情况。多数检查项目要在血液中加入抗凝剂后进行离心，将血浆 / 血清送检。在送检血浆样本时，根据检查项目要求使用专用抗凝剂（采血管），如果发生用错的情况，检查结果是无效的，也有重新采血检查情况（表 10-1）。

当然，当指定为血清样本时不能使用抗凝剂。选择适合检查项目的各种抗凝剂，是获得正确检查结果的第一步。

另外，有时即使是相同的检查项目，不同检查中心的检查方法也有所不同，使用的抗凝剂也不相同。必须使用送检的检查中心指定的抗凝剂。已经加入了抗凝剂的不同容量的试管有市售商品，必须注意用途，分别使用。

还有，在人医院的检查中心，有的已经准备了不同项目的、已经加了抗凝剂的"采血管"。只是委托检查项目的情况不多见。例如，在甲状旁腺激素（PTH）等的检查时，要使用加入了叫作抑肽酶试剂的采血管进行委托检查（图 10-1），这个抑肽酶的有效期很短，如果多量准备了也是浪费。如此极少使用的采血管在检查中心有备货，因此，请询问加以确认。

再有，也有的检查项目要求冷却离心。如 ACTH 或 PTH 即是如此。这些注意事项在检查中心提供的检查介绍里都有记载，请加以确认。

加入了抗凝剂的试管在各个检查中心几乎都规定

图 10-1　抑肽酶 –EDTA 容器

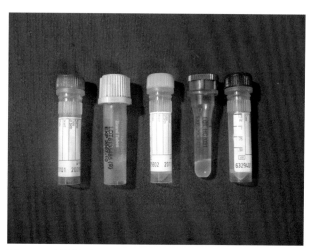

图 10-2　小试管，在采血量极少时使用。自左开始 EDTA3 钾 1.3ml，EDTA2 钾 0.5ml，肝素钠 1.3ml，肝素钠 0.5ml，分离容器 1.3ml

图 10-3 枸橼酸钠真空采血管。用注射器把血液注入里面时必须打开盖子
注意：血液量比规定多时凝固时间缩短，反之量少时延长。

Q & A 抗凝剂的错误

Q 加错了抗凝剂的样本是否只有扔掉了？

A 不是。确实有的检查项目如果使用了规定以外抗凝剂的话，检查结果就完全不可信了。可是在多数的检查项目上影响是不大的。在可信赖的检查中心，存有由于抗凝剂种类影响检查结果的修正数据。

了相同的颜色（图 10-2）。
- EDTA……粉色
- 肝素……绿色
- 枸橼酸……黑色（图 10-3）

EDTA 是和电解质离子结合状态存在的，因此，表示为 DETA-2K 或者 EDTA-3K，EDTA-2Na。无论使用其中的哪一种几乎都不会对样本产生大的影响，只是 EDTA-3K 是液体状态。其中液体多少会稀释一点血液样本，不过最大优点在于容易溶解。

同样，肝素是以肝素钠或者肝素钾形式存在的。在医疗现场能够很容易得到，在血液生化检查时主要使用肝素抗凝，可是肝素和血液中钠完全混合在一起，故不能正确测得血钠含量。从这点上看，由于体内不存在锂离子，故不会影响测定结果，因此，最近变成了使用肝素锂作为抗凝剂。

所有的抗凝剂都有和血液的比例。加入了限量以上的血液不但会凝血，也会影响检查结果，要充分注意。

（2）载玻片标本

在有些场合，如血液或者骨髓的涂片标本以及细胞诊断等，将细胞涂抹在载玻片或者盖玻片上进行委托检查。此时，把哪一个涂片标本尽早地固定是重要的。固定的第一步是完全用冷风吹干，为此可使用吹风机。

为了制作好的标本以及正确的诊断，有必要充分固定。在血液/骨髓涂片及细胞检查中均可使用的二甲苯（99.8%），通常被广泛应用。

用含有水分的二甲苯进行固定时，细胞因吸收水分而膨胀，因此，要使用浓度接近100%二甲苯。另外，盛二甲苯的容器开封后会慢慢吸收空气中的水分，因此，不用的时候一定密闭，极力避免混入水分。

另外，在进行部分特殊染色的时候，用二甲苯固定的标本着色不好，有时发生不能诊断的情况。也有这种情况，把涂抹的载玻片只进行风干即可。请在送检的检查中心确认固定方法。把载玻片标本染色，使用封胶做成永久标本送检是很好的，可是，如果不能实现的话最少也要使涂片标本完全风干。另外，用二甲苯固定和染色之间如果时间拖的太长会着色不好。在不能进行染色的时候以风干状态尽早送出为好。

（3）组织

和载玻片标本相同，固定是不可缺少的。固定时使用甲醛溶液。也有人认为用酒精或生理盐水等保存的话是可以的，这是完全错误的。绝对不可行。并且，甲醛侵入组织后容易使 pH 值发生改变，成为固定不好的原因。为了防止发生这种情况，使用添加缓冲液（加入其他物质也不易使 pH 值发生较大改变，能够使酸碱度保持相对稳定的液体）10%~20% 的中性缓冲甲醛溶液（pH 值）。

然后将组织完全侵入到甲醛液体中，不能让组织块从液体中露出来，将其侵入到具有足够量的甲醛液体中。通常认为，用组织块体积十倍的甲醛溶液进行固定。甲醛溶液量不能太少，要用充足的甲醛液进行固定（图 10-4）。

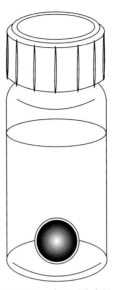

图 10-4　在甲醛液中放入组织块的状态

在大的组织块，要在病变部位标上记号送检。把特定部位用墨汁等标上记号。标记操作必须在侵入甲醛液之前进行。

实际上在进行固定时，在容器中加满甲醛液后再侵入组织。如果是加入组织后再注入甲醛液的话结合力弱的组织会裂开。特别是病变的组织脆弱，容易发生崩解。要充分注意。

当然，甲醛是剧药，不能用手直接接触。进入眼睛，以及吸入了气化甲醛都是危险的。操作时必须戴上围裙，戴好口罩，戴上橡胶手套加以防护。

10% 缓冲甲醛液（约 1 000ml）：

　　甲醛原液（市售商品）100ml

　　磷酸缓冲液（pH 值 =7.4）900ml

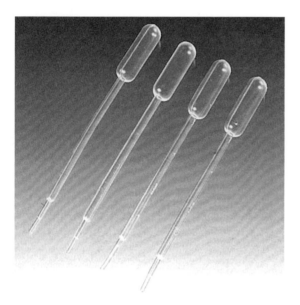

图10-5 一次性移液管（玻璃吸管），前端细的好用

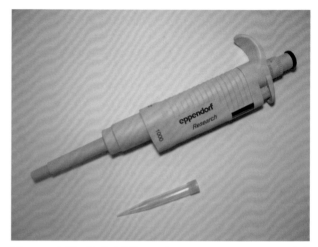

图10-6 容量可调式移液枪。照片是 Eppendorf 公司生产的连续可调移液枪（5型）

技术的要领、要点

● 根据采血量准备采血管。为了用最少的采血获得最大的样本，不要使用太大的容器。

● 不要让血细胞混入样本。混入血细胞会干扰许多检查结果。如果混入了血细胞可再度离心。

● 可以简单地除去纤维蛋白。把析出的纤维蛋白用棉签蘸取即可简单除去。

● 样本固定的好坏会影响检查结果。如果延迟固定的话组织会崩解，很难得出正确诊断。

● 用足够量的甲醛液固定组织块。基本上使用组织块体积10倍的量。准备足够量的甲醛液。

● 有各种检查项目专用的采血管。误用了采血管检查样本完全无用，因此，要切实遵守规定。

● 有些项目需要提前做冷却准备。如果在采血之后做冷却准备就迟了；有关特殊检查必须在取样前确认。

● 涂片操作要迅速。在细胞未发生变化之前迅速固定涂片。

● 对大的组织块要分割固定。太厚的组织甲醛无法浸入。请分割成比较容易固定大小的组织块。

● 有些日子不能进行检查。有些项目从采样到检查有时间限制。应特别注意休息日前日等。

 Q & A 抗凝剂的错误

 Q 手头没有磷酸缓冲液，也可以用自来水稀释甲醛吗？

 A 可能的话最好使用生理盐水稀释。如果没有也可以使用自来水。由于自来水含有少许的氯，严格说来在组织固定上不太适合。还是使用磷酸缓冲液做稀释液为好。

（4）样本的处理

几乎所有血液样本都不会在采血之后不经处理就直接送检，基本上是以离心之后的血清或者血浆状态送检。这时如果混入血细胞，在运输当中会发生溶血，就会影响检查结果。因此，不要让血细胞混入为好。

在血清或者血浆分离时使用移液枪，先端细的用起来方便且能很好地进行分离操作（图10-5）。并且能够准确测定必要的量，因此，要准备一只能够变更容量的移液枪。

在有必要进行冷却离心时，理想的做法当然是使用冷冻离心机，如果不能的话，可想办法事先向离心机加入冰袋或者保冷剂等进行预冷，也可用冰水预冷采血管的。然后，尽早进行离心分离，按规定要求保存样本。

备品

- 离心机
- 移液枪（图 10-5，图 10-6）或者注射器
- 运送样本的容器
- 竹签或者牙签
- 应急用塑料袋

图 10-7　在离心分离上清的液面附近轻轻地吸上来

（5）血浆

不能只是把加入抗凝剂的血液进行离心就叫作分离。只有把离心后的血浆部分移入到别的容器里才称为离心分离（图 10-7）。在血浆中不能混入血细胞的要领是，当吸取血浆时从液面轻轻地吸上来（图10-8）。决不能猛烈抽吸。否则就会把沉淀的血细胞一起吸了上来。如果吸进了血细胞应安静的退回液体，再次离心。

（6）血清

基本上和分离血浆的操作相同，如果在离心前使血液凝固，能够很好地分离血清。血液和其他物质接触后会促进其凝固。利用这个性质将采血后的试管倾斜放置，然后进行离心比较好。另外，有一种被称为分离剂的化学试剂，离心时由于比重不同，在血细胞和血清之间形成夹层状如胶冻样。把这个分离剂加入采血管进行离心，就能简单地分离出血清。也有这样的做法，根据不同的检查项目，把加入分离剂的采血管离心后，不加任何处理就能直接送给检查中心（图 10-9）。

经常有这种情况，在离心后血清部分完全凝固不能分离，这是离心后上清完全凝固所致，和海绵含有水分的情况一样，纤维蛋白包裹住了血清，形成了凝固状态。纤维蛋白网状结构用竹签或牙签等尖锐物体，像取棉团一样可以简单地清除。然后再度离心，便可得到很好的血清。此时也要注意防止混入血细胞。

无论是血清还是血浆，都应尽早冷藏或冷冻保存，移送至检查中心。

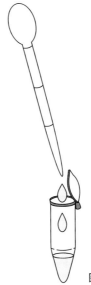

图 10-8　必须把血清或者血浆移入送检用容器

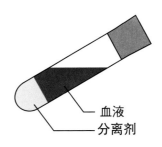

血液

分离剂

图 10-9　事先加入分离剂的采血管（离心前）

图 10-10　待检样本和培养基组合。使用普通培养基

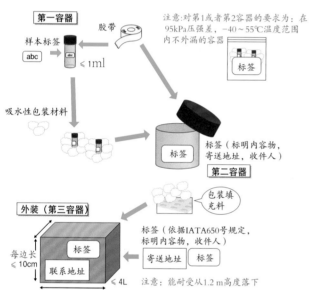

图 10-11　根据 IATA 标准包装（参考农林水产省动物检疫所指导资料制作）

＜取出检查样本的例子＞

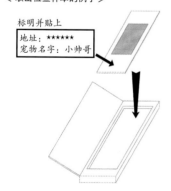

标明并贴上

地址：******
宠物名字：小帅哥

图 10-12　涂抹面朝上装入载玻片片盒

（7）培养的样本

在体液等的培养样本几乎都使用移送试管、棉棒和培养基形成一体的培养基样本组合（图 10-10）进行采样，送检。因为培养基样本组合是以灭菌状态分别包装，因此，采样时打开包装后，不能触碰，包括棉棒、手柄在内的部分，也不能直接放在桌子等上面。现用现开封，尽快进行采样操作，然后，不接触其他场所。将棉棒插入运送试管，进行密封。另外，在操作期间，在运送试管开口状态时不能口朝上。一定注意尽量做到无菌操作。

（8）捆绑

①血液

各位读者，如果将开了封的牛奶等食品在桌子上放置一个晚上，还能够食用吗？

回答可以的答案一定很少吧。牛奶是从血液中生产出来的，因此，对于血液的操作和对牛奶的操作比较相似。牛奶在邮寄过程中，不加处理的话，不能超过一晚上，把血液在常温状态下放置的情况也是一样的。激素或者抗原、抗体等都是由蛋白质构成的，能够想到这种蛋白质的腐败或者变质。如此看来，将血液送至检查中心的时候，冷藏运输是基本要求。

另外，有的人认为，如果加入了保冷剂，在邮局寄出也没有问题，这是错误的。虽然和被保鲜的物品体积大小也有一定关系，可是，保冷剂的保冷效果一般不会坚持一个晚上以上。而且，在炎热季节，小的保冷剂顶多坚持一小时。如果和保冷剂一起运送的话，一定使用泡沫塑料等隔热效果较好的容器运输。在国际航空法等法规中，运送血液等物品有规定的包装方法（IATA 包装标准），在日本国内运送时也采用这个标准（图 10-11）。

还有，当检测更不稳定的项目时，也有指定冷冻运输的情况。可能的话，和冰袋一起捆绑运输，如果不能的话，可要求快递公司用冷冻方式运输检查样本。此时，检查样本要与冷冻很确实的保冷剂一起捆绑运输。

另外，在所有的场合，如果存在血细胞，当直接接触装有保冷剂的容器会发生溶血情况。在直接进行血细胞检查时，有可能完全不能检查到血细胞。故在包装时，一定不能直接接触保冷剂。

②载玻片样本

在固定了的载玻片标本，一定要明确标识哪一面是涂抹面（图10-12）。然后，有市售的运送载玻片专用的盒子，要使用这种盒子（图10-13）。

当然，没有专门运送盖玻片的盒子，所以，可以借用装盖玻片的空盒进行运输。由于是玻璃制品，在运输时要遵守运输易碎物品的规定，否则，当到达检查中心时，破裂粉碎的事情时有发生。

像叠起来一样把载玻片组装成原来的形状，是不容易进行诊断的。在运输中，尽量不发生容器中的震动，建议使用包装用容器进行运输。此外，在各种情况下于运输中都不能触碰涂抹面，此点一定要注意。

③组织

对于小的组织块，当放入盛有甲醛的容器时，会立刻发生固定，可以进行病理组织学检查，不过，对于较大的组织块固定时需要较长的时间。在固定之前，由于运输造成的甲醛液体摇动，组织块有崩解的可能。因此，要等待组织块完全被固定后再运送。另外，对于较厚的组织块，进行分割之后比较容易被甲醛浸透。将这种方法称为分割固定。根据不同的组织，分割浸泡的方法不同，因此，要和兽医进行沟通。

关于运送的容器可使用广口瓶（图10-14）。另外，当组织被固定后，会发生想象以上的硬化。在和正常组织体积相同的固定组织块，在装入或取出的时候会变得比较困难。并且，在固定中间进行运输的时候，组织块在运输途中在容器中完全被固定，在进行检查的时候，不能从容器中取出，这种情况也时有发生。

这时，会出现和容器形状完全相同的固定状态，本来在固定时要最大限度的保持和组织未被固定时相同的状态，这个目的就无法实现了。因此，要选用较大的运送容器或者使用带有封口装置的塑料袋，如果组织被完全固定，在容器中少量加入甲醛液体就可以进行运输。甲醛液体的量一定保持在运输过程中不能干燥，一定要将容器密闭，不能让空气进入。

在所有的场合都不要过度包装，甲醛溶液绝对不能发生泄漏，因此，一定要确实密闭。在运输过程中，由于气压变化，盖子可能发生松动，液体外漏的情况时有发生。因此，要用胶带捆住瓶口，然后再用两或三层密闭型的塑料袋等，要根据运输方式和送检样本

的大小来选择密闭方法。而且，未被固定的载玻片标本绝对不能和甲醛一起捆绑，因为这样会造成染色不好的情况。

打江和歌子（赤坂动物医院，临床检查技师）

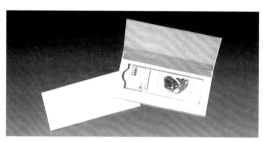

图10-13　运送载玻片的盒子。照片是纸质的盒子，也有塑料盒子

图10-14　广口瓶

 向动物主人传达的要点

● 在进行血液检查时，有些项目有饮食和时间的限制，饮食会影响很多检查结果。请动物主人在自己家对动物禁食，以保证空腹采血。
● 检查需要时间，其中还有本院内不能进行检查的项目。而且，有些检查项目需要几天时间，这些情况都要进行说明，并得到理解。

X 线检查和保定

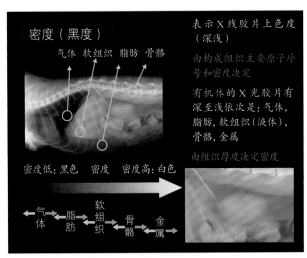

图 11-1

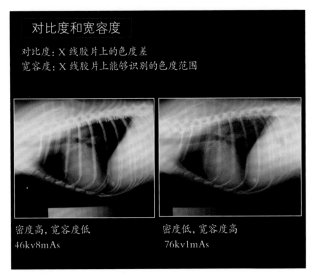

图 11-2

术语的确认

（1）密度（图 11-1）

　　在 X 光摄影上的色度。在 X 光照片上可以分辨出有机体的气体，脂肪，软组织，骨骼以及钙化沉淀 4 种颜色（密度）。这是由于各种组织的主要构成原子的原子序号和密度所决定的，进一步说来，在相同的骨组织或者软组织密度也有若干差异，这是因为组织的厚度不同（例如，肋骨和脊椎，虽然同属骨组织，但肋骨影像较黑）。

（2）对比度（图 11-2）

　　是指相邻组织的密度差。将肾脏和消化道（虽然同属软组织）重合起来进行摄影，也可以分辨出肾脏和消化道，这是因为厚度不同所表现出来的黑白差别，即对比度不同。

　　想办法扩大对比度，使之成为高质量的影像，对比度小则为低质量的影像。在图 11-2 中列出了两张 X 光胸片，请注意心脏和肋骨。左边的照片和右边的相比，心脏和肋骨非常明显。这是由于肋骨和心脏的密度有很大的对比度所致（对比度高）。

（3）宽容度（图 11-2）

　　在 X 光照相中，有不能再黑的上限和不能太白的下限。这种从完全黑色到完全白色之间能够识别的某种颜色的限度称为宽容度。

　　在图 11-2 的照片中，由于宽容度很高，可以确认右侧的肺血管的很细部位。在对比度很高的照片，由于格雷差很大，能够识别的色度变少，使宽容度变差。另外，在对比度低的照片，由于格雷差小，能够识别的色度变多，宽容度也变大。

对比度和宽容度会随着摄影条件改变。在 kV 高mAs 低的摄影条件下对比度低，宽容度高。反之，在kV 低 mAs 高的摄影条件下，对比度上升，宽容度变差。

（4）清晰度（图 11-3）

是指各脏器或器官周边的清晰度。在清晰度高的照片，各脏器或器官周边不发生模糊，可以非常明确地表现出来。在图 3 左侧的照片，由于清晰度低成了模糊照片。

备品

● 胶片

X 光胶片不仅可感光 X 线，对普通光线也发生感光反应（图 11-4）。

● 片盒

为了能使 X 光胶片能在明室（明亮的房间）使用而设计的盒子（图 11-4）。

● 增感屏

贴于片盒内侧的白色部分（图 11-4，图 11-5）。X 光胶片可被 X 线感光，不过，在增感屏表面涂装的发光体被 X 光照射后而发光，以此加强 X 胶片的感光度（在成像中，X 线本身直接影响胶片的感光度为 5%，95% 是依靠增感屏的发光体而感光的）。

因此，当损伤了增感屏，发光体就会脱落，与增感屏伤口同样的影像会在 X 光照片影像中反映出来，并且，X 光胶片和增感屏中间如果夹杂了异物，发光会被异物遮盖，在 X 光胶片影像中也能反映出来，因此，在摄影操作中要加以注意。

● 聚光栅

为了获得清晰度高的 X 光胶片，在片盒上面放置聚光栅，减少散射线，提高清晰度。

① 散射线（图 11-6）：从真空管发出的 X线称为一次线（红色），当射线接触到被照射物（动物）或者摄影台时，方向发生了改变了的 X线称为 X 线的散射线。扭曲了方向，照射了 X光胶片的散射线成为导致胶片影像质量（胶片质量即清晰度）下降的原因。另外，由于扭曲了方向，照到了胶片之外，因此，散射线也成为保定者被

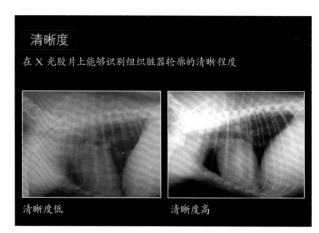

清晰度

在 X 光胶片上能够识别组织脏器轮廓的清晰程度

清晰度低　　　　　清晰度高

图 11-3

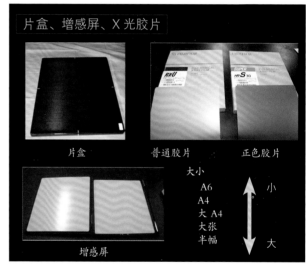

片盒、增感屏、X 光胶片

片盒　　　普通胶片　　　正色胶片

大小
A6
A4　　　　小
大 A4
大张
半幅　　　　大

增感屏

图 11-4

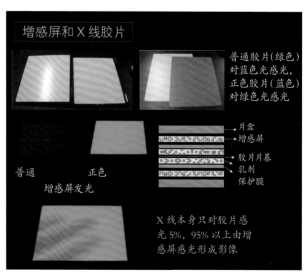

增感屏和 X 线胶片

普通胶片（绿色）对蓝色光感光，正色胶片（蓝色）对绿色光感光

片盒
增感屏
胶片片基
乳剂
保护膜

普通　　　正色
增感屏发光

X 线本身只对胶片感光 5%，95% 以上由增感屏感光形成影像

图 11-5

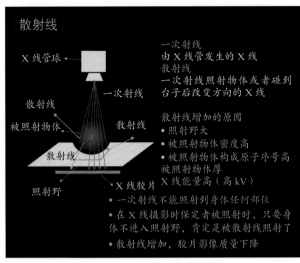

散射线

一次射线
由 X 线管发生的 X 线
散射线
一次射线照射物体或者碰到
台子后改变方向的 X 线

X 线管球

一次射线

散射线

被照射物体

散射线

散射线

照射野

X 线胶片

散射线增加的原因
● 照射野大
● 被照射物体密度高
● 被照射物体构成原子序号高
被照射物体厚
X 线能量高（高 kV）

● 一次射线不能照射到身体任何部位
● 在 X 线摄影时保定者被照射时，只要身体不进入照射野，肯定被散射线照射了
● 散射线增加，胶片影像质量下降

图 11-6

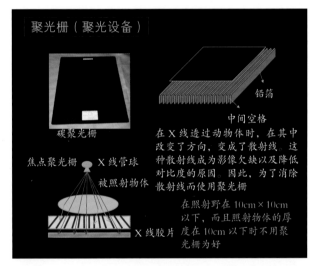

聚光栅（聚光设备）

碳聚光栅

铅箔

中间空格

焦点聚光栅

X 线管球

被照射物体

X 线胶片

在 X 线透过动物体时，在其中改变了方向，变成了散射线。这种散射线成为影像欠缺以及降低对比度的原因。因此，为了消除散射线而使用聚光栅

在照射野在 10cm × 10cm 以下，而且照射物体的厚度在 10cm 以下时不用聚光栅为好

图 11-7

放射线的防护

放射线防护 3 原则
● 屏蔽　穿用防护服，戴防护手套
● 距离　与照相无关人员离开照相场所，距离增加 2 倍，照射量减 1/4
● 时间　减少照射次数，照射次数减半，照射量减少 1/2

图 11-8

备品

照射的原因。

②聚光栅（图 11-7）

聚光栅由铝铂和格栅（木质或者铝制）相互并列而成。

③在中心部排列着垂直平行铝铂，因为在聚光栅的一端斜向摄入一次线，配合 X 线的入射角度配置了斜向的铝铂。和一次线的角度不同，进入 X 光胶片内的散射线，被铝铂吸收，因此，到达不了 X 光胶片。这种形式的聚光栅是最常用的，称为聚焦聚光栅。

由于聚焦聚光栅是这样的构造，如果把聚光栅用反的话，从真空管到聚光栅的距离通常是 1m。从真空管到聚光栅的距离就发生了改变，因此，不能使用。另外，照相视野的中心和聚光栅的中心发生了偏移的话，就不能进行 X 光照相了。

●X 线防护服

在摄影中摄影师会被照射，因此，要进行防护。请不要忘记放射线防护的 3 原则是屏蔽，距离，时间（图 11-8）。应该认为，如果进行了充分的 X 线防护工作，在健康上完全不会成为问题（图 11-9）。

●X 线装置

设定摄影条件，产生 X 射线的机械。

●显影，定影液以及自动显影机

把被照射的 X 光胶片变成用肉眼能够看到的状态（能够诊断的状态），显影在暗室（黑房间）中进行。

放射线照射

有关法律规定，从业人员接受放射线照射的限度为 100mSv/5years（年平均 20mSv）。进一步规定，无论哪一年照射剂量都不能超过 50mSv，对于妊娠女性的实效照射剂量为，自妊娠开始至分娩期间，照射剂量不能超过 2mSv

在长濑蓝德公司工作的兽医师及动物医院护士
2000 年实际照射剂量为
兽医师 0.053mSv
护士　0.003mSv

普通日本人年平均接受实效照射剂量为 3.75mSv/year（自然界射线剂量为 1.5mSv/year，医疗的射线剂量为 2.25mSv/year）

图 11-9

技术顺序

1.X 光胶片的放入

在暗室里将 X 光胶片放入片盒。此时一定要注意不能损伤片盒内部的增感屏。另外，也要十分注意不能在片盒内混入异物。

2. 片盒以及聚光栅的设定

在摄影台上设定片盒以及聚光栅，片盒以及聚光栅有正反面之别，请一定注意。另外，照相视野（被 X 线照射的范围）在 10cm×10cm 以下，摄影部位的厚度在 10cm 以下的场合，不使用聚光栅可以获得清晰度较好的影像，因此，可不加聚光栅进行摄影。

3. 摄影条件的设定

决定摄影条件。摄影条件基本上是根据摄影部位的厚度和想要观察的部位所决定的。再以肺部心脏为目的的摄影中，使用高 kV 低 mAs 摄影，进行宽容度广的（低对比度）X 线摄影。再以骨组织为目的的摄影时采用低 kV 高 mAs 摄影，进行宽容度窄的摄影（高对比度）。对于其他部位，采用中 kV 中 mAs 摄影，进行宽容度和对比度和谐的摄影。即使在相同的胸部摄影，在观察肋骨的场合和观察肺和心脏的场合摄影条件也不相同。如图 11-2 所示，在观察肋骨等骨组织的场合，左边的照片诊断起来比较容易。另一方面，在观察肺和心脏的场合，右侧的照片就比较容易进行诊断。在不使用聚光栅的场合摄影条件是大概设定的，一般设定的摄影条件为 10~15kV，将 mAs 减少 50%~75%（在进行骨组织或造影检查的场合：只把 kV 减少 10%~15%，在检查肺的场合只把 mAs 减少 50%~75%。在其他的部位，把 kV 减少 3~5，再把 mAs 减至 50%）。

4. 动物的保定

把动物保定在摄影台上。此时，为了在 X 线影像上保证清晰度，减少摄影师被照射，在使用调解装置

图 11-10　真空管和调节装置，照射视野
散射线会使影像变差以及影响曝光。为了减少散射线，如图 6 所示，有必要把照射视野尽量缩小。上面的照片显示的是真空管和调节装置（调节照射视野大小的部位）。下面的照片显示的是照射视野（在摄影台被照射的四角明亮的部位）

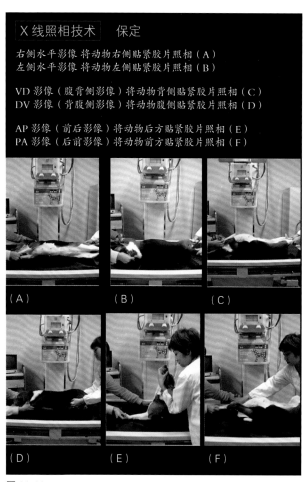

X 线照相技术	保定

右侧水平影像 将动物右侧贴紧胶片照相（A）
左侧水平影像 将动物左侧贴紧胶片照相（B）

VD 影像（腹背侧影像）将动物背侧贴紧胶片照相（C）
DV 影像（背腹侧影像）将动物腹侧贴紧胶片照相（D）

AP 影像（前后影像）将动物后方贴紧胶片照相（E）
PA 影像（后前影像）将动物前方贴紧胶片照相（F）

（A）　（B）　（C）
（D）　（E）　（F）

图 11-11

头部照相技术

好的保定条件下的照相影像

水平影像
左右的构造物完全重合在一起，从正横向照相

背腹侧影像
在左右构造对称状态下照相

图 11-12

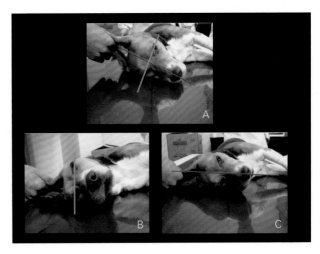

图 11-13

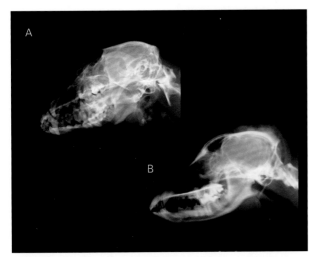

图 11-14

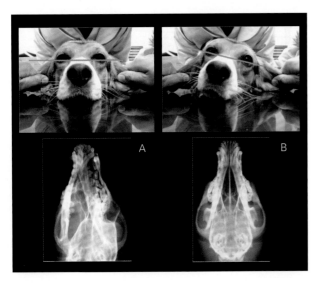

图 11-15

时照射视野定为必要的最小限度（图 11-10）。而且，在摄影时，为了降低保定者被照射，要设置各种屏蔽装置。

因为 X 光照相类似绘画影像，因此，如果动物的角度发生了稍稍的改变，脏器的大小，形态，以及位置就会发生很大变化。X 光诊断的基本内容是确定脏器或者器官的大小、形态、位置以及质度，因此，在照相时如果进行了歪斜保定的话，对之后的诊断影响很大。

因此，为了使想要观察的部位在照相的中心，在水平的影像中要横卧保定，以便从横向开始左右的构图发生重复。在 AD 或者 DV 影像中，保定动物要从正面观使左右的构造物形成对称状态进行摄影。另外，需要观察部位和不必要部位不要重复，这点也要特别注意（图 11-11~ 图 11-44）。

（1）头部的摄影技术

头部下颌比头顶薄，鼻端纤细，因此，如图 11-13A 所示，在指示躺卧状态轴（绿色：左右轴，红色：前后轴）发生了偏移，如图 11-14A 所示形成了水平影像。如图 11-13B、11-13C 所示，在拍摄时，左右轴与摄影台垂直，前后轴与摄影台平行的话，就会像图 14B 那样左右构造完全重合。

并且，在 VD 场合，如图 11-15A 所示，完全将左右下颌压在摄影台上，左右轴和摄影台平行进行摄影，此时左右构造形成了对称状态（图 11-12~ 图 11-15）。

颈部照相技术

为了将颈部伸直向前方牵引
为了使颈椎不重合将前肢向尾侧牵引

水平影像
  第2颈椎翼状突以及第5、6颈椎横突重叠，从正横向照相，可明显显现椎间腔。

背腹侧影像
  在左右构造对称状态下照相

图 11-16

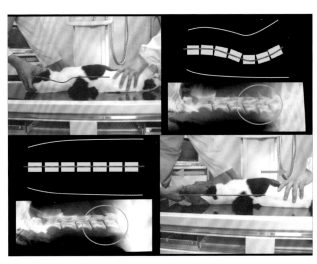

图 11-17

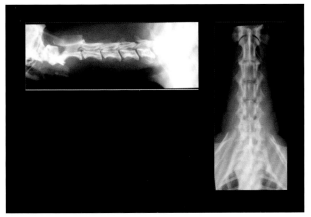

图 11-18

胸椎照相技术

好的保定条件下的照相胶片

水平影像
  左右肋骨重合在一起，从正横向照相，可明显显现椎间腔

背腹侧影像
  在左右构造（骨骼）对称状态下照相，在椎体中部可见棘突影像 1

图 11-19

（2）颈部摄影技术

颈部是体积较厚的头部和胸部之间夹着的部位，因此，只是横卧保定的话，如图 11-17 所示，前后方向的轴对于摄影台在下方形成弯曲。如图 11-17 下方所示，在头尾方向进行牵引，X 线照相如圆形印记所示，这样可以看到分开的椎间隙，以这种状态拍摄为好（图 11-14~ 图 11-18）

（3）胸椎的摄影技术

在图 11-20A，左右的肋骨发生了偏移，椎体和肺脏重复在了一起。在图 11-20B，左右的肋骨发生了重复，这是因为采取了正横向位摄影，另外，在图 11-20C，左右的肋骨不对称，与此相对在图 11-20D，左右肋骨形成了对称状态（图 11-19，图 11-20）。

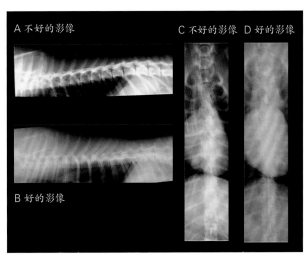

图 11-20

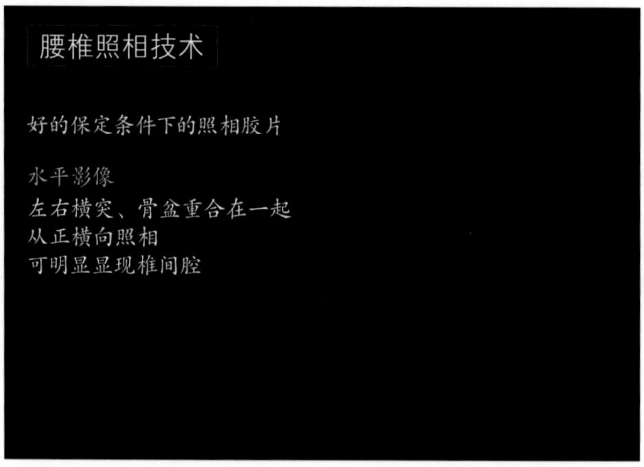

图 11-21

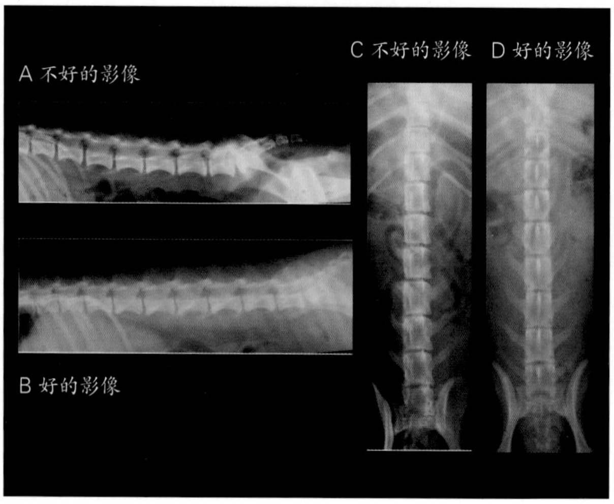

图 11-22

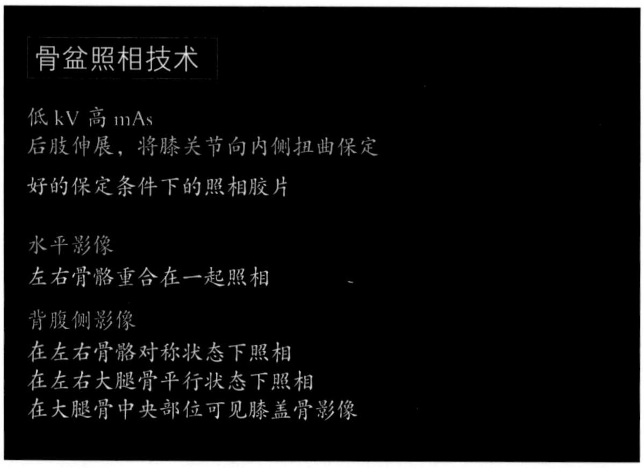

图 11-23

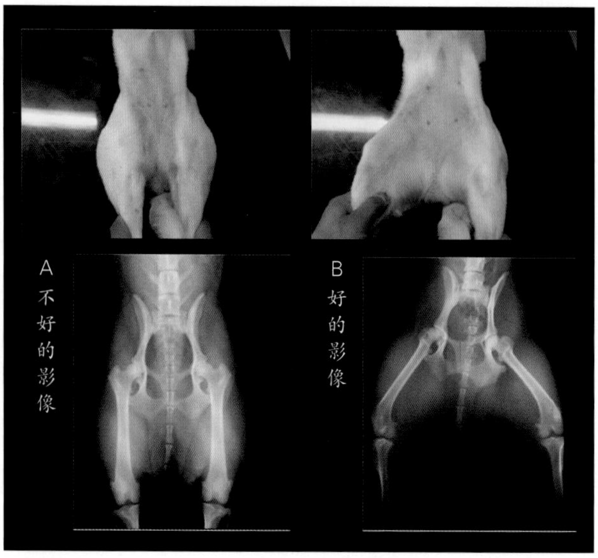

图 11-24

（4）腰椎摄影技术

在图 11-22A 的左右肋骨，观察到了腰椎横突发生错位的图像，在图 11-22B，左右的肋骨以及横突发生了重复，这是标准的横向摄影。另外，在图 11-22C，相对于左右肋骨的不对称状态，在图 11-22D 就是对称状态（图 11-21，图 11-22）。

（5）骨盆的摄影技术

在好的摄影胶片，左右的骨骼是对称的，这就要平行牵引左右的大腿骨，在大腿骨的中央部位能够观察膝盖骨（图 11-23，图 11-24）。

（6）四肢的摄影技术

在图 11-26A，11-26C 所表示的是将前肢或者后肢水平进行单侧或者双侧的摄影情况。在图 11-26B 是照射的后肢 AP 像，为了使摄影部位最大限度地靠近胶片（如果摄影部位和胶片距离扩大，清晰度变低），保定狗使其身体保持向上状态。

另外，图 11-26D 显示的是前肢的肩关节与肘关节之间的 AP 影像，在摄影台上，因为不能平行牵引腕骨，因此，改变球节的角度，此 X 线朝向腕骨形成直角照射状态。这种照相方法，由于球节产生了倾斜，因此，不能使用聚光栅。

图 11-27A，图 11-27B，两者均为上腕二头肌腱炎、骨软症的 X 线照片，而图 11-27C 所示照片，由于肩关节与胸肌以及胸骨发生了重复，因此，不容易进行诊断。

四肢照相技术

低 kV 高 mAs
左右前后肢不重合
希望观察部位不要与体壁或者阴囊等构造重合
将照相肢体保定于片盒一侧

好的保定条件下的照相胶片

水平影像
从正横向照相
前后侧影像
从正面照相

图 11-25

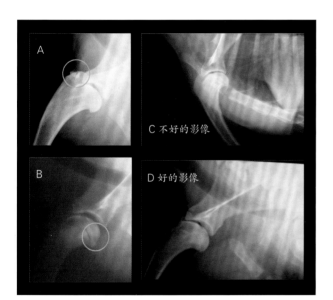

图 11-27

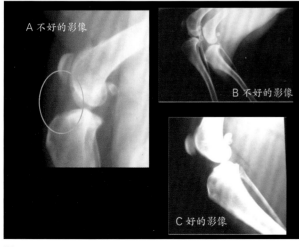

图 11-28

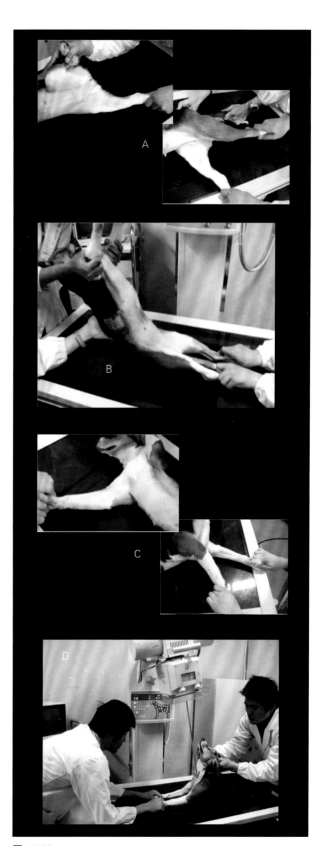

图 11-26

胸部照相技术

高kV、低mAs
以心脏为中心照相（第五肋间）
在最大吸气时照相
前肢不要和胸部重合，牵引前后肢
好的保定条件下的照相胶片

水平影像
左右肋软骨结合部集中在一起照相
前后侧影像
在左右骨骼对称状态下照相
棘突移向椎体中部

图 11-29

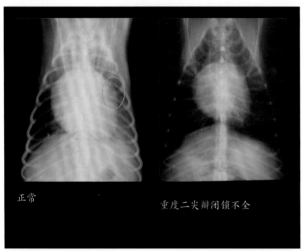

正常   重度二尖瓣闭锁不全

图 11-31

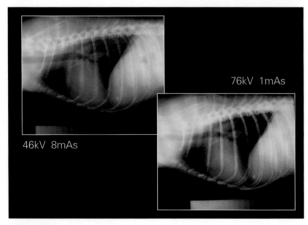

76kV 1mAs

46kV 8mAs

图 11-32

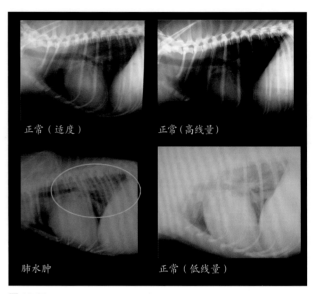

正常（适度）   正常（高线量）

肺水肿   正常（低线量）

图 11-30

还有图 11-28A，在变形性关节炎初期，关节内呈白色影像，在图 11-28C 的摄影中，由于左右的膝关节发生了重复，因此，诊断也不容易（图 11-25~图 11-28）。

（7）胸部摄影技术

在胸部摄影时，摄影条件或者摄影技术非常重要，在图 11-30 的肺水肿胶片中，肺部拍摄成了白色影像，然而在摄影条件不足的情况下，正常的肺也能拍成白色。不过，摄影条件过强的话，虽然肺部发生了水肿，肺部也会变成完全黑色现象，不能诊断出肺水肿。

在图 11-31，在重度二尖瓣闭锁不全的狗，心脏边缘（圆印）突出。这个照片能够非常好地观察到心脏边缘严重突出的影像，因此，与正常心脏影像比较，非常容易地分辨出来。

图 11-37，图 11-41，在同一个正常的犬，把摄影技术较好的照片和不好的照片进行了比较，由于摄影技术不同，使心脏的形态发生了很大变化，因此，即使是严重的疾病，由于摄影技术所限，也难以得出正确的诊断，这是很容易联想到的事情。

在肺部摄影中，如图 11-32 所示，采用高 kV 低mAs 条件。图 11-33 是把电池立在了胶片之上进行摄影的影像，由于X线斜向照射了胶片的前端，因此，影像不是正圆形。如图 11-34 所示，在 X 线中部拍摄的心脏形态和在胶片的一端拍摄的心脏形态出现

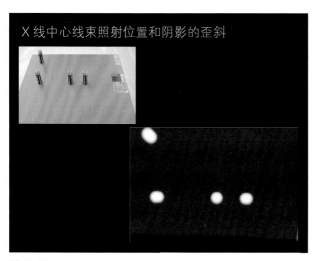

图 11-33

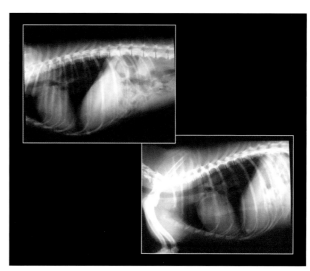

图 11-34

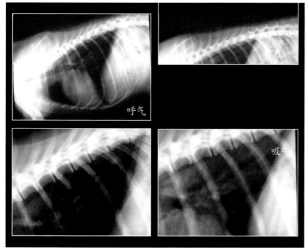

图 11-35

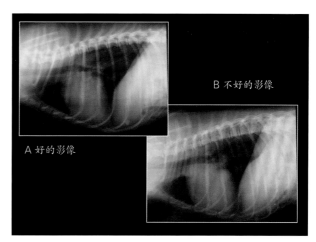

图 11-37

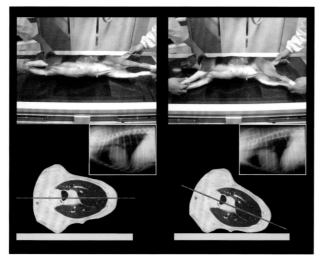

图 11-36

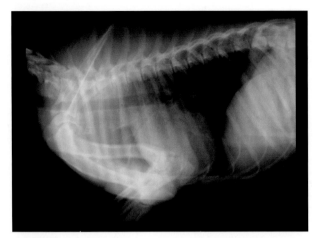

图 11-38

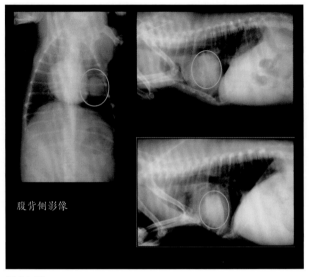

腹背侧影像

图 11-39

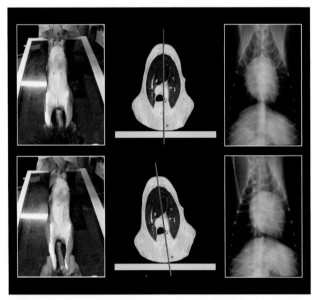

图 11-40

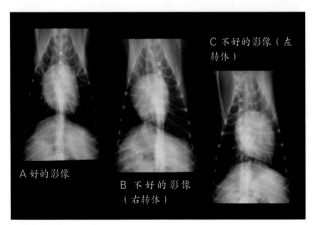

C 不好的影像（左转体）

A 好的影像

B 不好的影像（右转体）

图 11-41

了若干的不同。

正确的做法是，以第五肋间为中心，使狗保持最大吸气状态时进行摄影。

在水平影像拍摄时，只是让动物保持横卧状态，与背正中相比，胸骨一侧的身体厚度薄，因此，形成了图 11-37B 那样的影像。如图 11-36 所示，保定时要使左右的肋软骨结合部重合起来，把胸骨一侧上提，从摄影台看，力求使胸骨和脊椎的高度保持一致。还有，在图 11-35，如果不把前肢充分的向头侧牵引，前胸部的诊断就会很困难。要注意，把前肢向前方牵引时尽量不要发生与肺的重合。

另外在水平的影像中，如图 11-39 所示，也有这种情况，病变影像到了下方就不易被观察。

在这种情况下，采取左右水平的摄影方式为好。在 AD 影像中，要使胸骨和椎骨完全重合的状态下进行摄影（图 11-29~ 图 11-41）。

（8）腹部摄影技术

在水平影像中，把肋软骨结合部，腰椎横突，骨盆重复起来进行拍摄，叫做完全横位摄影。如图 11-44C 所示，为了后肢和下腹部不发生重合，尽量将后肢向尾侧牵引。在 AD 图像里，图 11-44D 表示的是左右骨骼形成了对称状态（图 11-42~ 图 11-44）。

5. 显影要点

　　摄影后，在暗室内，从片盒中取出胶片进行显影。要确认显影液的显影温度，显影时间，定影时间，显影液或者定影液不能过度使用，然后，将胶片浸入显影液。此时，不要使胶片和显影液之间进入空气。显影完成后，尽快进行冲洗，浸入电泳液。和显影过程相同，胶片和定影液之间也不能进入空气，要完成充分的定影过程。

　　由于定影不充分等原因，到后来胶片会发生变色，成为诊断困难的胶片。在定影完成后，将胶片拿到明室，在流水中浸泡胶片 30min 以上。如果不进行充分的冲洗，也会成为胶片变色原因，从显影到水洗，胶片是湿的，容易损伤胶片表面，因此，操作时要小心谨慎。冲洗完成后，用吹风机等干燥胶片，检查结束。

　　在用自动显影机进行显影的医院，在暗室内将胶片插入自动显影机，完成操作。

为了不出错

　　关于 X 线检查，在摄影条件，摄影部位，保定，显影，任何一个过程发生错误都必须从头开始进行操作。从完成的 X 线胶片分析失败原因及找出其处理方法，请参考本章末尾的表格。

茅沼秀树
（麻布大学兽医学部兽医放射线学研究室）

腹部照相技术

在最大呼气时照相
后肢不要和下腹部重合，牵引前后肢

好的保定条件下的照相胶片

水平影像
左右肋软骨结合部集中在一起照相

背腹侧影像
在左右骨骼对称状态下照相
棘突移向椎体中部

图 11-42

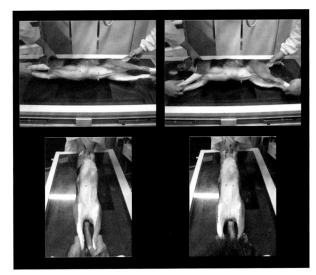

图 11-43

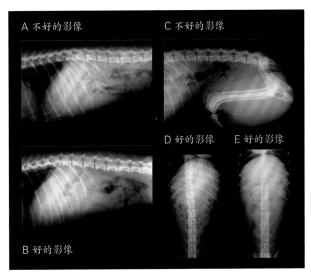

A 不好的影像　　　　C 不好的影像

D 好的影像　　E 好的影像

B 好的影像

图 11-44

表 经常见到的胶片缺欠及其解决方法

缺欠	原因	解决方法
胶片发黑	摄影条件太高 显影过度 污染	下调 kV 或者 mAs 确认显影液温度 正确测定显影时间
胶片发白	摄影条件太低（背景黑图像太亮） 显影不足（背景图像都太薄）	上调 kV 或者 mAs 确定显影液温度 确定显影时间 显影液配置时间过长→更换显影液
胶片密度不均	显影液混合不匀 显影过度 污染	使用正确的显影技术
对比度过高	kV 太低，mAs 太高	上调 kV 下调 mAs
对比度过低	显影不足 显影过度 污染	使用正确显影技术
模糊（清晰度低）	来自动物的散射线 来自其他地方的散射线 定影之前曝光 胶片保存时间过长 化学药品或使显影污染	缩小 X 线的照射视野。使用聚光栅 在胶片/片盒的保管场所要避开 X 线发射装置 暗室，胶片保管箱，片盒跑光或者封闭不严。暗室内的安全光太强，或者安全光距离操作台太近 使用保质期内胶片 用正确的显影技术
图像晃动	动物晃动 真空管或者片盒晃动	参见原因
附着染色（小点）：小亮点 白色，灰色或者黑色斑点 胶片牵拉痕迹	增感屏污染，片盒内混入异物，在胶片或者荧光屏上的化学物质斑点 显影之前或显影中胶片操作有问题	增感屏，片盒里要清洁 使用正确的暗室技术 充分注意荧光屏的清洁，胶片的操作
黑色或者白色的三圈状抽缩 指印	没有显影的胶片发生弯曲 用不干净的手指操作	操作胶片时充分注意 手要清洁
静电附染	静电附染	要充分注意对没有显影胶片的操作 使用抗静电清洁剂
化学药品污染：黄色或者茶色染色 胶片周边有周边界线 二次光亮模糊（粉色—绿色） 聚光栅线影像太粗	冲洗不充分 使用了污染的灯管 清晰度不充分：定影液配置时间过长	使用正确的清洗方法 清扫灯管 采用正确的清洗方法：更换定影液

建议

　　在医学领域，超声波检查通常是技师的工作，医生只进行图像确认。在兽医学领域，兽医师进行超声波检查的情况很多，动物医院护士诸位可以一边保定动物，一边观察图像进行学习。

备品

● 超声波诊断仪（图 12-1）
● 保定台（图 12-2）
● 酒精喷雾器

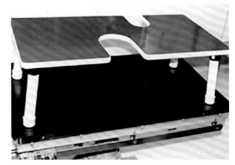

图 12-2　保定台

图 1　超音波诊断仪

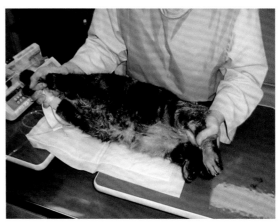

图 12-3　动物取仰卧姿势，或者右侧卧保定

技术顺序

1. 把动物放在台上

　　在超声波检查中，动物要取仰卧姿势，或者取右侧卧保定姿势进行检查（图 12-3）。一般称为超声波台，通常动物在超声波台上的姿势是要暴露心脏的位置，在台上进行保定。除了对毛浓密的犬种外，没有必要剃毛。因为必须将超声波探头紧密接触皮肤，因此，要在检查部位喷洒酒精，使被毛和皮肤充分湿润（图 12-4）。

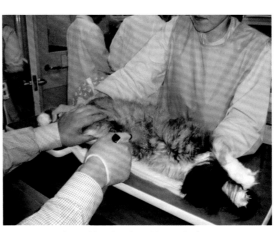

图 12-4　喷洒酒精，充分湿润被毛和皮肤

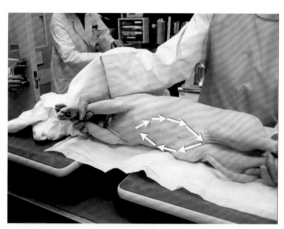

图 12-5 按照一定顺序在腹部顺时针移动探头进行观察

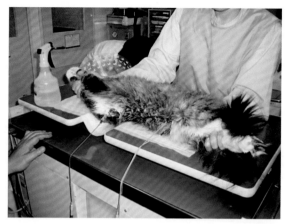

图 12-6 将探头转变成心脏用探头，连接上心电图电极

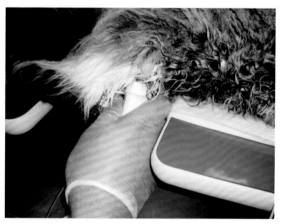

图 12-7 探头要固定在最容易观察的肋间心脏部位

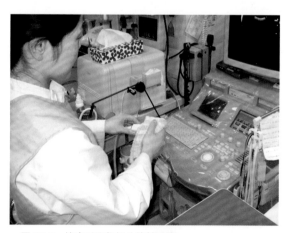

图 12-8 检查后要将探头擦拭干净

2. 超声波检查的顺序

　　用超声波诊断仪进行检查时，一般是将腹部全部探查一遍，然后再探查胸部。通常分别使用腹部探头和胸部探头。在探查腹部时，沿着肋骨边缘从中央向左侧探查肝脏，然后探查左侧的脾脏，左侧肾脏以及肾上腺，然后探查后方正中的膀胱，把身体右侧向头侧移动，探查右肾，胰脏和肾上腺，最后在胃的后方正中检查肠系膜淋巴结，按照这样的顺序在腹部顺时针移动，进行全面探查（图 12-5）。由于可以预测接下来要探查哪个脏器，有必要使观察者容易观察而考虑保定姿势。

　　接下来变换成检查心脏用探头，连上心电图检查的电极（图 12-6）。大体上有 3 根电极，右胁是红色，右腹部沟是黑色，左腹部沟是绿色。在操作台上变换成心脏用探头，将动物保定于最容易探查肋骨间心脏部位的姿势，探头的移动不是像上面那样。在这个部位只是转动探头就可以获得几乎全部的图像（图 12-7）。

图 12-9　也要把心电图的电极擦拭干净

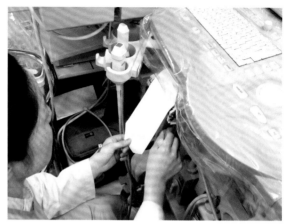

图 12-10　要管理图像打印纸等消耗品

3. 结尾

到这里，超声波检查就结束了。把动物移送至安全场所，用酒精擦拭台子，然后用吹风机吹干。要认真擦拭超声波探头（图 12-8），同时也要认真清洁心电图电极（图 12-9）。认真进行图像打印品的管理（图 12-10）。

石田卓夫（赤坂动物医院，医疗主管）

技术要领、要点

● 开始要探查什么有时会感到困惑，逐渐就会明白并且记住。

● 对动物经常进行健康诊断的话，就会记住正常的图像。

● 发现不明白的事情要一边请教兽医师，一边记住这个图像。

● 接下来，要想到如何移动探头，进行正确的保定。

眼科检查和点眼时的技术要点

建议

在日常诊疗中进行的眼科检查,有检眼镜检查,定量试纸泪液检查,荧光素检查,眼压检查等。下面对于这些检查方法加以说明。另外也对日常使用的点眼液操作方法进行详细的说明。

图 13-1　头部以及眼球的观察

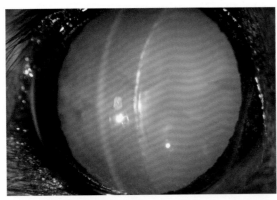

图 13-2　白内障切缝的图像

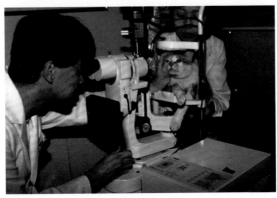

图 13-3　固定位置型检眼装置

备品

- 检眼镜,裂隙灯检眼镜,直像检眼镜,倒像检眼镜
- 全视检眼镜
- 聚光灯
- 眼压计
- 荧光素染色试纸
- 定量泪液试纸

器具一览表

- 多角度检眼镜 SL-15
- hEINE 双目倒像检眼镜 欧米茄 180
- 尼康聚光镜头 +20D
- Welch Allyn PanOptic 检眼镜
- Medtronic 眼压计 TONO-PEN XL
- 直像检眼镜 BX α
- 昭和药品化工荧光素钠试纸

技术顺序

1. 身体检查

开始进行身体检查时,要认真观察头部以及眼球的位置(凸出,扩大),面部表情,肌肉对称性,眼球表面光泽情况,吻突的滋润情况(图 13-1)。

2. 使用检眼镜

用肉眼不可能观察到眼球的详细情况,因此,通常使用检眼镜进行检查。检查眼前部的器具有裂隙灯

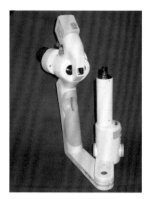

图 13-4　变位型裂隙灯

图 13-5　用左右手将动物头部切实保定好

显微镜（裂隙灯），检查眼底的器具有直像检眼镜，倒像检眼镜，全视检眼镜。

3. 使用裂隙灯

　　裂隙灯是在想要检查的部位切入狭窄的光束（裂隙灯，图 13-2），这是用双眼显微镜观察光的切面的检查方法。显微镜的倍率在 10~40 倍可调，通常使用 10~20 倍率进行观察。用裂隙灯可以观察从眼睑到前部的晶状体。

　　关于裂隙灯灯检眼镜，有固定位置型（图 13-3）和变位型（图 13-4）两种类型，由于装置的大小和动物的保定问题，在兽医眼科多使用变位型。变位型比固定位置型可变程度高，装备简单化（在倍率可变式设备，不是无固定式和缝隙幅度无极调节，而是四段调解式，不能外接输出装置），在日常诊疗过程中可以充分使用（图 13-5，图 13-6）。

图 13-6　用左手压住眼睛周围

4. 直像检眼镜的灵活运用

　　使用直像检眼镜（图 13-7）可观察范围（视野）狭小，可是扩大率好，可以将角膜、虹膜、晶状体、睫状体、网膜呈直立像进行检眼。转动检眼镜镜头扳手使其旋转，可在 +40D~−25D 范围内进行检眼。在旋转轮附带有裂隙灯，小口径，大口径，格子，红色以及影像胶片等，一般除前三项之外很少使用。首先将检眼镜镜头扳手调至 0 刻度。

　　放在距离动物眼睛 50~60cm 距离的位置，使光线进入瞳孔的中央部位进行检眼。此时，检查者用右眼检查动物的右眼，同样，用左眼检查动物的左眼。一

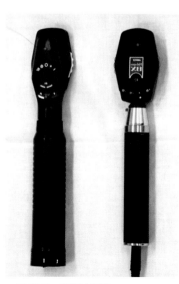

图 13-7　直像检眼镜

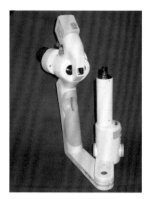

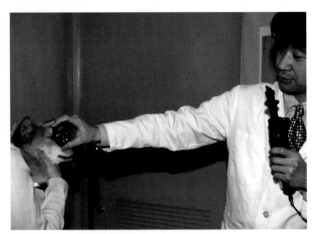

图 13-8　单目倒像检眼镜

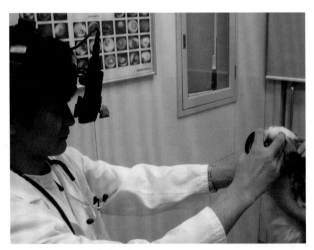

图 13-9　双目倒像检眼镜

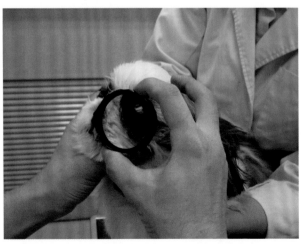

图 13-10　聚光镜头

边捕捉动物的瞳孔反射，一边慢慢地向动物眼前靠近，在 2~5cm 的位置可以观察眼底。此时调节镜头的旋转扳手，旋转镜头至能够非常清晰地观察眼底为止。通常应该在 –2D~+2D 范围内调节。

接下来把镜头的回转扳手调至 0，观察视神经乳头。在正常情况下，镜头回转扳手位于 1D 的范围内，可以清楚地观察乳头中心的血管。

用直像检眼镜进行检查时的缺点为，由于角膜，眼房水，晶体，睫状体的混浊造成眼底模糊时，不充分接近动物是不能进行检查的。

5. 倒像检眼镜的灵活运用

倒像检眼镜是从光源射出的光通过聚光镜头照射到眼底，在相同的镜头形成眼底成像进行观察的检查方法。倒像检眼镜由单目（图 13-8）和双目倒像检眼镜（图 13-9），双目的可以观察立体成像，可以见到明亮的成像。

检查者位于距离动物 50~60cm 的位置，将检眼镜保持于检查者的眼睛附近，将聚光镜头（图 13-10，图 13-11）保持于患者眼前 4~5cm 的位置。将聚光镜头前后移动，调至能够清晰观察眼底成像的位置。眼底成像为倒像要反向观察上下以及左右。使用的聚光镜头有 14D，28D 的凸镜，然而倍数越大，视野的扩大率越低。在将眼底屏蔽的场合使用 20D 的镜头，如果需要仔细观察的话，使用 14D 的镜头为好。

倒像检眼镜的缺点是，掌握检查技术需要较长的学习时间，扩大率低，成像为逆向成像等。

6. 全视检眼镜的灵活运用

全视检眼镜（图 13-12）是检查眼底的仪器，这种仪器的特征是比直像检眼镜视野扩大近 5 倍，而且扩大倍率在 26% 时也能见到清晰图像，因此，在不散瞳的情况下也能观察眼底。

此外，扩大的直立图像覆盖眼底表面积的 10%~15%，虽然没有倒像检眼镜视野扩大倍数高，不过也能够容易地进行眼底检查（图 13-13）。

还有，在全视检眼镜的前端，附有蛇管移动装置，在装有这个装置的情况下进行检眼时，在明亮的房间里也可获得在暗室检验同样的检查效果。

图 13-11　使用聚光镜头时的保定状态，助手要确实保定动物的头部

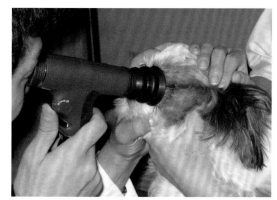

图 13-13　使用全视检眼镜时两个人合用三只手保定动物的头部

图 13-12　全视检眼镜

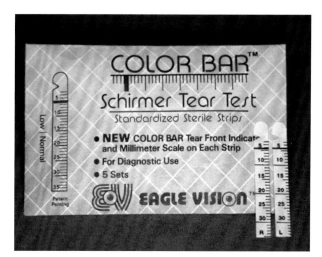

图 13-14　定量泪液试纸

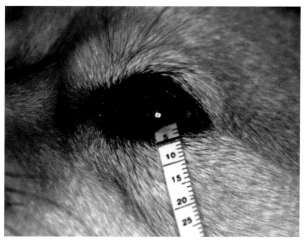

图 13-15　定量泪液检查

7. 定量试纸泪液检查要点

定量试纸泪液试验（图 13-14）是检查泪液量的方法，反映了泪液的基础分泌量和反射性分泌量。这项检查的要点是进行检查之前，不能进行洗眼或者使用眼药。例如，即使在眼球表面附着眼球分泌物，也绝对不能洗眼或者用药物点眼。将某些多余的眼睛分泌物用棉签等从结膜囊内去除是可以的。操作方法是从试纸的前端 5mm 处（缺口插入的地方）折上插入到下眼睑和角膜之间，测试 1min（图 13-15）。

折叠试纸时，为了不被附着在手指上的油脂污染试纸，可将试纸不从包装袋中取出连同试纸袋一起折试纸。经过 1min 之后取出试纸，测试被泪液浸湿的部分。

判定标准：≤ 5mm/min 判定为严重泪液减少；6~10 mm/min 判定为轻度泪液减少；11~14 mm/min 判定为可疑，≤ 15 mm/min 判定为正常。在猫，（16.92 ± 5.72）mm/mim 是正常的。

图 13-16　荧光素染色试纸

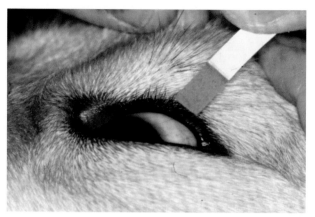

图 13-17　荧光素染色检查

8. 荧光素染色检查的要点

荧光素的染色，是检查角膜上皮细胞状态的方法。角膜上皮细胞未被损伤时，通常荧光素不能被染色。一般使用市售的试纸（图 13-16）。

关于具体使用方法，用手拿住试纸没有附着色素的部分，在色素部分滴上一滴生理盐水，然后甩动试纸，去掉多余水分，轻轻地将试纸贴在球结膜上（图 13-17）。色素在全部角膜来回过度几次后，用检眼镜检查角膜表面。通常使用钴蓝色膜在微光照射下进行观察，角膜上皮的损伤部位可见黄绿色光。如果角膜上皮未被损伤色素不能进入角膜实质。然后洗去多余的色素再度检查角膜表面。用洗去多余色素的方法容易发现细微的损伤。

需要注意的问题是，如果将试纸的色素部分直接贴在角膜的话，这部分角膜上皮暂时性地吸收了色素，乍一看来容易误认为是角膜损伤的情况，因此，不能这样操作。

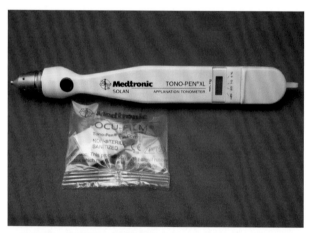

图 13-18　眼压笔（前端的帽）

9. 眼压笔的灵活运用

眼压笔（图 13-18）是便携式电动式视屏眼压计，将眼压数值用 mmHg 表示，不需要换算表。在设定眼压时，进行点眼麻醉处置后，将眼压笔的前端在角膜中部轻轻地接触几次（图 13-19）。当接触时会发出哔、哔、哔的声音，最后发出哔——长音同时，在 LCD 屏面出现数值。

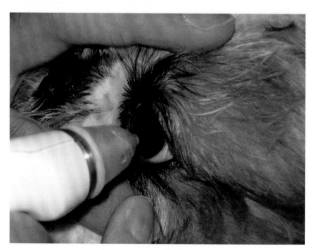

图 13-19　测定眼压：轻轻地接触角膜

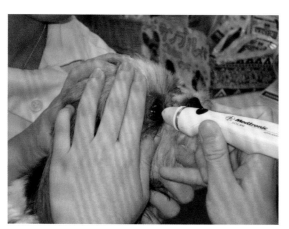

图 13-20　操作时避免眼压笔的前端强烈触压角膜

图 13-21　用点眼液点眼

　　在表示的数值下面有置信范围，这个置信范围出现在 5% 的地方是可信度较高的数值。这个置信范围表示测定数值的可信性，数值越大，可信度越低。因此，在置信范围的数值较高的时候要进行再次测定。

　　测定时注意以下几点，不要将眼压笔前端强烈接触角膜（图 13-20）。在角膜周边部位也能测定。不过，尽量在角膜中部测定为好。有报道指出，正常的眼压犬为 14.25mmHg，猫为 14.26mmHg。另外，在角膜深层发生溃疡等重度角膜疾病时，禁止测定眼压。

10. 点眼药使用的要点

　　点眼药分为点眼液和点眼软膏两种剂型。使用哪种点眼药由以下因素决定。

　　①主治医生的使用习惯；②动物的性格；③动物主人的方便性和可能的点眼次数。

　　依笔者的经验，喜欢点眼液的动物主人较多，除了为防止兔眼睛等眼表面干燥使用之外，在处方中开列眼软膏的情况不多见。

（1）点眼液

　　点眼液是对眼局部进行治疗时常用的药物，给药方法简单，容易调节点眼次数以及间隔时间。点进眼睛的药物的移行速率比眼软膏快，但是，持续时间短，因此，必须进行多次点眼。

　　关于给药方法，先用肥皂洗净手指，从包装袋内取

　技术要领、要点

● 在实施定量泪液实验前，不能实施药剂点眼、洗眼等操作。

● 在操作时避免眼压笔的前端强烈触压角膜。

● 定量液体检查是所有眼科病症的必检项目，每次都要进行检查。

● 进行眼底检查时，必须在散瞳后进行。

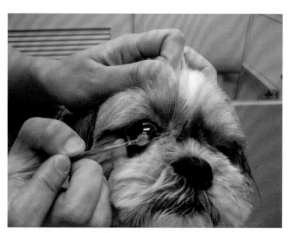

图 13-22　点入眼软膏

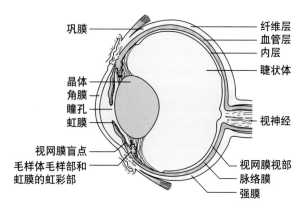

巩膜

晶体
角膜
瞳孔
虹膜

视网膜盲点
毛样体毛样部和
虹膜的虹彩部

纤维层
血管层
内层
睫状体

视神经

视网膜视部
脉络膜
强膜

图 13-23　眼球的断面图

to family　向动物主人传达的要点

● 告知在点眼之前要把手指洗干净。

● 告知在进行两种以上药物点眼时必须间隔
5min 以上。

● 告知点眼容器的前端不能接触动物。

●告知要遵守点眼药的使用期限以及保存方法。

●告知要按照医嘱的点眼次数进行点眼操作。

出点眼瓶。接下来如图 13-21 所示，将动物的头部向上方扬起并固定，将上眼睑向上方牵引，从眼的上方开始滴入 1~2 滴。此时要注意的是，点眼瓶的前端不能直接接触其他物品，也不能直接接触眼球。一次点眼 1~2 滴足矣，如果多量点眼只能是溢出眼外，不会产生效果。

　　另外，在进行两种以上点眼液点眼时，要说明每种点眼液的间隔时间不能少于 5min。其理由如下：①不同药品之间容易发生配伍变化；②被稀释之后不能充分地在眼内移行。

　　（2）眼软膏

　　眼软膏的优点是：

　　点眼次数少；有防止兔眼睛等眼表面干燥的功效；在角膜糜烂时能够减轻疼痛。例如，在眼液流出过快的话，药和病变部接触时间减少，因此，水溶性点眼液效果低下。而眼软膏滞留于结膜囊内具有药剂缓释效果，在考虑向角膜、结膜或者是向眼内转运的效率上成为有用的选择依据。

　　此外，其缺点为：

　　不容易点进眼内；点入眼内有异物感；前肢抓眼睛，会形成眼屎。另外在怀疑眼角膜穿孔时，不能使用眼软膏。

　　关于给药方法，首先用肥皂洗净手指，从包装袋内取出眼药管。如图 13-22 所示将动物的头部上扬并固定，将下眼睑向下方牵引，注意，在眼药管的前端不直接接触结膜的情况下将软膏注入结膜囊内并闭眼。或者事先用棉棒蘸取少量眼软膏，把下眼睑向下牵引，在结膜囊内放入棉棒，一边令其闭眼一边将棉棒轻轻地横向抽出，这也是眼软膏的给药方法。

为了不出错

把检查顺序搞错，在检查之前进行了洗眼或者药剂点眼，很难进行定量泪液检查结果的判定。此时如果只是进行了药剂点眼的情况，只能过一段时间后进行再次检查，或者择日再行检查。在当天，即使过一段时间后再行检查，其结果也只能作为参考，还是不对结果进行判定为好。

用直像镜检查时，在散瞳情况下也不能看见眼底时，极大的可能是中间透光体出现浑浊，因此，如果用倒像镜进行检查就比较容易进行。

在荧光素染色检查中，误将试纸的色素部分贴在角膜时，有可能误认为角膜发生了损伤，这点要特别注意。通常荧光素的染色只在角膜上皮损伤部位着色，因此，如果用检眼镜仔细观察的话，可以分辨出假阳性和真阳性的差别。

最后，作为上述部分的参考内容，展示了眼球的断面图（图 13-23）。

安部胜裕（安部动物医院）

建议

　　齿科疾病是伴侣动物最常见的疾病之一。3 岁以上的犬、猫，80% 以上罹患牙周疾病，是发病最多的疾病之一。今后伴侣动物会越来越高龄化，罹患牙周疾病的患病动物一定会继续增加。

　　一般认为慢性牙周疾病会引起心脏、肺以及肾脏等慢性病变。另外，由于全身性疾病使牙周疾病更加恶化。因此，不能认为牙的疾病是轻微疾病，有必要进行早期预防和适当治疗。

　　为了使伴侣动物在口腔和身体都处于健康状态下生活，不仅兽医师，动物医院护士前台等全体工作人员，都要反复地向动物主人宣传、指导，包括家庭护理在内的牙病预防知识和方法，这是非常重要的事情。

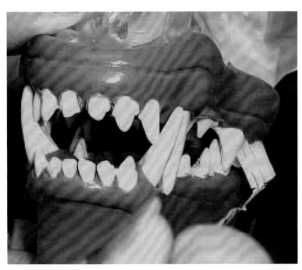

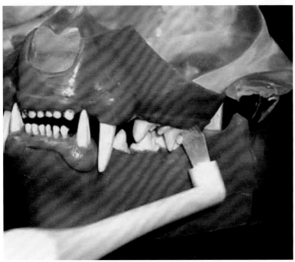

图 14-1　口腔模型和刷牙要点
在刷牙时不仅刷牙表面，要深入牙和牙基之间，仔细清洁齿龈，重点是清除牙周齿龈的污物

备品

1. 齿科保健教育用品
● 齿科挂图
● 齿科模型（图 14-1）
● 牙刷
● 齿科消毒剂，齿科软膏
● 齿科照相机，打印机
2. 齿科处置器具
● 牙周探针，齿科反光镜，超声平洗牙机，刮匙，拔牙钳子，拔牙用牙挺，骨膜起子，手术刀片、刀柄，显微牙钻
● 专用刷子，专用软膏
● 缝合器械组合（持针器，夹子，带线缝合针）
● 其他（开口器，开唇器，口腔清洗剂，纱布）
3. 齿科用 X 光照相有关器材

执业兽医师临床技术 第 1 集

有关备品以及技术顺序，请参考第 4 章一般病例的简单齿科检查和治疗（户田 功）。有更为详细的解说，动物医院护士也可以参考。

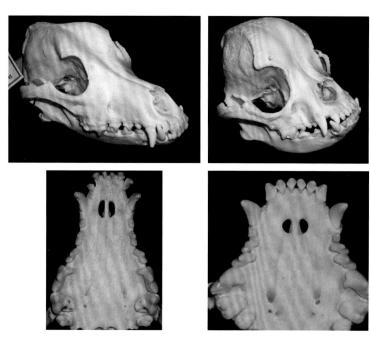

图 14-2　长嘴犬的齿列和短嘴犬的齿列

技术顺序

齿科检查、处置的顺序，按照下列流程进行。下面逐项进行详细说明。

①问诊

②在清醒状态下的齿科检查

③在麻醉状态下的口腔内部检查

④齿科处置

⑤家庭护理和后续操作

1. 问诊

由于来院就诊的动物多数患有齿科疾病，因此，即使不是专门来院诊治齿科疾病的场合，也要如下进行问诊。

（1）患者信息

● 动物品种、品系

犬和猫易患的齿科疾病有所不同。不同的品种易患的齿科疾病也有所差异。小型犬以牙周病为多见。而且在吉娃娃、博美等德国品种狗，乳齿残留或者牙齿缺失的情况也时有发生。西施犬，八哥等的短嘴狗（图 14-2），多发前白齿的牙周病。大型犬等，齿龈

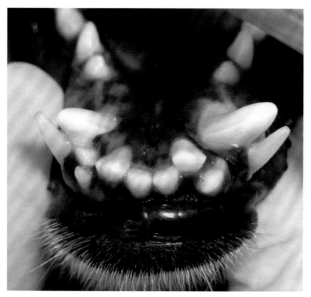

图 14-3　大型犬的乳齿残留和赘生

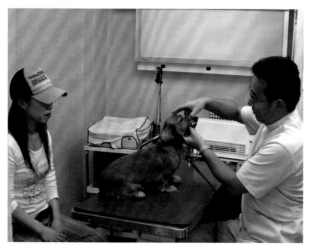

图 14-4　术前的齿科检查

表 1　齿科检查要点

· 口臭
· 流涎
· 咬合程度（特别是犬）
· 喷嚏，鼻液（特别是犬）
· 眶下肿胀，疼痛，排脓
· 淋巴结，唾液腺等肿大
· 食欲不振，咀嚼方式、采食方式异常
· 齿龈等疼痛，口炎（特别是猫）
· 口腔开、闭障碍
· 触诊时疼痛

过度生长或者牙齿折断等的情况比较多见。

犬猫，大约从 4~6 月龄开始由乳齿更换成恒齿。在小型犬牙齿更换期间，是乳齿残留等问题多发、易发时期（图 14-3）。另外，犬一般随着年龄增长牙周病的患病率会增高。在进行齿科处置时，由于要进行麻醉操作，年龄成为重要的考虑因素。

（2）主述

以如下所示的原因来院诊治的情况较多，不过兽医师在进行身体检查时发现齿科疾病的情况也很多。

①口臭，口腔和牙齿污染
②齿列不整（咬合不整）
③牙齿折损，上颌骨折，口腔外伤
④食欲不振，采食方式异常
⑤肿胀，疼痛，出血，排脓
⑥口腔开、闭障碍
⑦喷嚏，流鼻液，鼻出血

（3）病史

①现病史

关于齿科疾病例如，牙齿折损等情况，要询问从什么时候开始，都有哪些经过。

②既往史

询问以前是否患过犬瘟热，犬细小病毒感染以及其他热性疾病。例如，牙釉质形成不全症在患犬瘟热之后发病较多。在猫，从幼龄开始就能见到齿龈炎、口炎等疾病。要询问是否有病毒性鼻炎或者口炎、舌炎的病史，还要询问是否检查过 FelV，FIV 等病毒。

③饲养环境

询问使用狗笼、狗床，赛跑及使用健身球进行运动情况。在啃咬笼子或者石块等异物时和牙齿折损关系密切。

④饮食

不同的饮食牙周病的发病情况也不同。此外，骨头或者皮革等的硬物，也是牙齿折损的原因。

⑤问诊时特别记录事项

要具体地询问有关家庭口腔护理情况，例如，进行了什么程度的家庭口腔护理，以什么样的频率进行的。

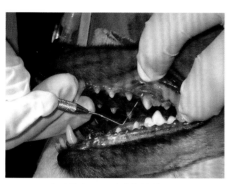

图 5 麻醉状态下口腔内部检查

2. 在意识清醒状态下的齿科检查

于麻醉前，在诊疗室进行的齿科检查（图 14-4）。

（1）身体检查

在进行齿科处置时有必要实施麻醉，因此，要进行有关麻醉前的身体状态评价。例如，对心肺功能，凝血机能，肝脏、肾脏等脏器的评价。必要的话要进行血液检查，X 线检查或者超声波检查等。

（2）面部，额头的检查

在进行齿科处置之前，包括口腔，鼻子，眼睛以及颈部在内，要进行整个头部的检查与评价。要检查表 14-1 所示的项目。

3. 在麻醉状态下的口腔内部检查

在麻醉状态下，详细检查、评估如表 14-2 所示的口腔内部检查要点，并进行处置。通常这些工作由兽医师完成，因此，在这里省略。

①口腔内的详细检查
②探查（图 14-5）
③口腔内 X 线检查（图 14-6）

4. 齿科处置

在这里根据实际齿科处置的流程，将动物医院护士需要准备或者进行辅助的要点加以叙述。

一般的，在齿龈炎或者中度牙周炎的场合，通过进行预防性齿科处置，如去除牙石，控制炎症，牙周组织的维持与恢复，防治牙齿损坏等处置，是可以达到康复目的的。在进行预防性齿科处置时，进行包括

封釉，抛光，齿根修整等工作。

表 14-2　　口腔内部检查要点

a 牙齿
牙石，异物的附着程度
牙齿摇动
缺齿，多余齿
乳齿残留
折损，吸收性病灶
牙釉质形成不全
变色

b 牙周组织（齿龈、口腔黏膜等）
出血，炎症，肿胀，排脓
齿龈退化，过度赘生
肿瘤

c 口唇、舌、上腭、脸颊等其他
出血，炎症，肿胀，溃疡
肿瘤
口炎（特别是猫）

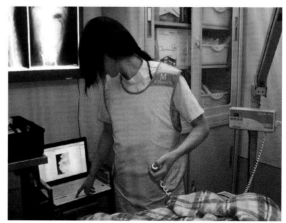

图 14-6　齿科 X 线检查

图14-7 齿科处置

图14-8 手术后的说明

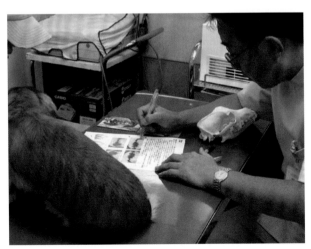

图14-9 借助口腔模具进行说明

（1）对术前检查和处置的说明

和其他手术相同，要向动物主人说明术前检查的必要性和齿科处置的流程。在齿科处置的场合，暂时留院观察的情况比较多见，因此，有关处置后如何将动物接回等问题也要进行说明。

（2）麻醉手术的要点

在处置牙周病时，用超声波清洗机清洗牙齿产生的飞沫中含有牙周病菌，因此，处置时的空气受到了污染。术者和护士为了避免吸入被飞沫污染的空气，一定要采取戴口罩等防护措施。关于其他的灭菌处置，例如，必要的手术器械消毒等工作，在齿科处置之前就应该实施。

要注意的是，由于清洗患者口腔可能导致体温低下。

（3）处置的准备、辅助

在进行预防性齿科处置或者拔牙时，由于处置内容不同，准备和辅助内容也有所差异。进行准备和辅助处置要请兽医师确认。

口腔内处置是在黑暗、狭窄的作业空间作业，因此，将处置用照明灯照亮处置的地方，操作会变得容易进行。此外，将器材有序地摆放也会方便操作（图14-7）。

（4）麻醉苏醒时

特别是在清洗口腔时，为了避免液体及污物进入气管，用纱布等堵塞物堵在喉头处使之保持清洁状态。

要确认处置后有无出血等情况，管理好苏醒过程的动物，如果有必要可使用伊丽莎白项圈等保护器材。

（5）动物回家后的注意事项

处置当日回家时，要指导在家的管理方法以及采食、饮水。特别是对麻醉后体况变化的应对方法，以及关于出血，体温低下的应对措施提出指导意见（图14-8）。对口服药以及家庭的看护做法提出指导意见。

进行拔牙等操作时，为了保护缝合部位，有时要装上伊丽莎白项圈，在2~3周内一定不要啃咬东西。

（6）复诊的介绍

在进行拔牙等处置的场合，通常一周后要再来复诊。关于复诊时间要根据兽医师的安排而定。

5. 家庭护理和后续工作

在动物医院只是进行齿科处理时，对牙周疾病还做不到充分的防控。对于齿科疾病的预防和保健管理，家庭看护是重要的。

（1）口腔保健的指导

从小狗、小猫时开始，为了预防牙周疾病，动物医院护士一定要耐心地、反复地向动物主人强调如下口腔保健管理的要点。

● 无论是狗还是猫，多发牙周病等齿科疾病。

● 大型犬比小型犬有易患牙周病的倾向。

● 为了避免牙科疾病，从小的时候就要养成刷牙的习惯，这是重要的。

● 如果长成了大狗、成年猫再进行刷牙就很困难了。

在进行齿科处置后，也要根据处置时拍摄的口腔照片，介绍疾病或者齿科处理情况，讲解今后口腔保健要点（图 14-8，图 14-10）。进一步采用口腔模型（图 14-1）或者使用空腔教具在直观状态下进行说明更好（图 14-9）。

（2）口腔保健的指导要点

①对该做的事情的指导

● 在进行刷牙操作之前要想办法表扬动物。一边高兴地玩耍一边表扬动物听话进行刷牙操作为好。

● 刷牙时，不仅要刷牙齿表面，牙齿周围的隐窝及牙缝也要清理干净。使用口腔模型或者牙科教具，进行指导刷牙操作（图 14-9）。

②对不该做的事情的指导

● 指导动物主人不要强行保定猫、狗，强制地进行刷牙操作。

● 不要饲喂骨头等很硬的东西，这些东西有时会折断牙齿。

（3）后续工作

由于动物的性情以及主人的情况，有时难以继续进行家庭口腔保健工作。

要定期寄送家庭保健资料，也有必要督促动物主人定期地进行齿科检查。另外，每次来院就诊后都要电话回访，反复强调家庭护理的必要性，鼓励动物主

人做好保健工作是重要的。

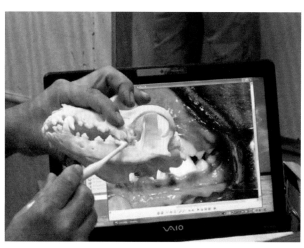

图 14-10　用口腔模型和口腔教具进行患部的说明和刷牙方法

执业兽医师临床技术 第 2 集

齿科检查和治疗的升级（户田 功）P.42 B: 家庭护理。

户田 功（户田动物医院）

No 15　术后观察和评价

建议

　　术后最重要的关注事项是预防严重的症状和早期发现异常情况，缓解痛苦。从术前开始就对动物的身体、精神上造成了很大的应激。在手术麻醉苏醒以后也不可能完全恢复到安定状态，因此，动物医院护士要确实地观察、评价动物的身体状态和精神状况，及早发现变化，以便在发生严重情况之前进行适当的处理。

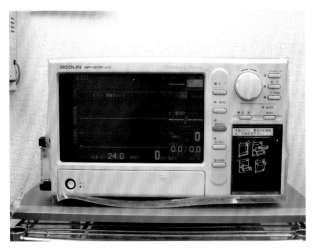

图 15-1　多导生理指标监测仪，一台仪器可以测得多项指标

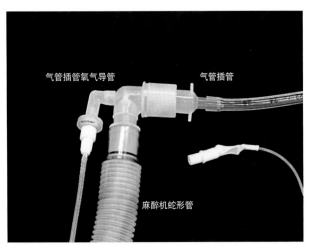

图 15-2　在气管插管和麻醉机蛇形管结合部连接氧气导管

备品

● 体温计……最好是在动物安静时能够连续进行体温测定的电子式体温计
● 听诊器……使用自己熟悉的听诊器
● 多导生理指标监测仪……一台设备可以检测心电图、心率、体温、血压、脉搏以及动脉血氧分压。（图 15-1）

器具一览表

● 体温计
● 听诊器
● 多导生理指标监测仪
● 保温垫

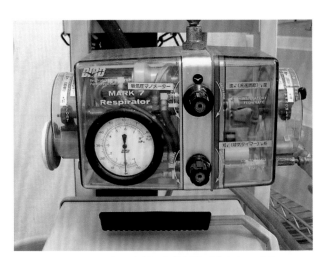

图 15-3　人工呼吸机，在插入气管插管时进行人工呼吸

技术顺序

动物从麻醉状态苏醒后，动物医院护士要立即进行全身观察，并对其进行评价，进行适当处置。从麻醉状态到刚苏醒时，特别容易发生剧烈变化，因此，要进行多次观察，以期早期发现异常情况。

1. 对呼吸和循环状态的瞬间观察

在术后管理上，最重要的是呼吸和循环管理。在手术后，动物医院护士首先要对以下（1）~（4）所列项目进行瞬间观察，并作出评价。

（1）呼吸在进行吗

● 观察胸部起伏动作。如果动作很弱，可在鼻孔前放置小纸条等以便判定有无呼吸。

● 进行气管插管时，观察氧气导管判断呼吸状态（图15-2）。

● 当呼吸减弱时，首先要吸入氧气，同时向兽医师报告。

● 当呼吸停止时，一边轻轻按压胸部帮助呼吸，一边紧急呼叫兽医师。并且，因为气管内插入了气导管，在兽医师的指导下进行人工呼吸，或用手压迫气囊进行辅助呼吸（图15-3，图15-4）。

（2）心脏在跳动吗

● 用心电图，听诊或者触诊股动脉（股内动脉）的方法进行判定（图15-5，图15-6）。

● 心搏减弱，心跳数减少时向兽医师报告。

● 当心跳停止时，轻轻压迫心脏，一边做心脏按摩，一边迅速向兽医师报告。

（3）意识、觉醒情况没问题吗

轻轻呼唤动物的名字，从其反应情况判断苏醒状态，同时，想办法使其精神处于稳定状态。

● 眼睛睁开，对声音有反应，判断为完全苏醒。

● 对呼叫几乎无反应，眼睛睁开后立刻进入睡眠

图15-4　手动辅助呼吸气囊，用手按压进行辅助呼吸

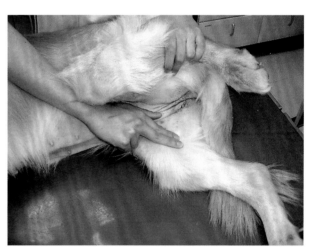

图15-5，图15-6　股动脉触诊（犬，猫）

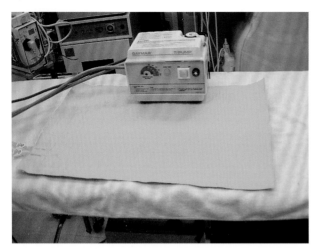

图 15-7　保温垫。防止低温烫伤,并可大面积加温

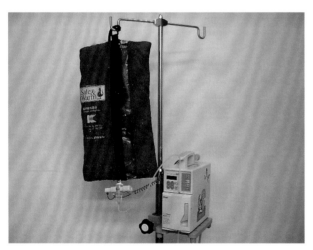

图 15-8　输液加温器。将输液袋加温并保温

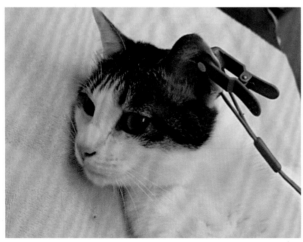

图 15-9　在耳廓装上监测装置

状态,判断为半苏醒状态。

(4)没有出血吗

● 手术部位没有出血吗?

● 手术部位没有肿胀,皮下没有出血潴留吗?

● 用纱布压迫几分钟也不能止血时,向兽医师报告。

对上述(1)~(4)所列项目进行瞬间观察并作出评价。依靠自己的判断能够应对时立即采取处理措施,如果不能判定,应立刻向兽医师报告等待指示。

2. 各种生理指标的观察

进一步对下列事项达到正常以前观察 15min,防止动物陷入严重状态,为了缓解术后病症和疼痛要进行各种努力。

将下列指标在每次观察后都要记录下来,如果有异常情况应向兽医师报告。

(1)体温

● 在动物身下垫上保温垫或者毛巾被,以便保持体温不下降,由于在垫子上比较方便观察呼吸等全身状态,因此,也利于观察整个躯干情况。

● 当体温降低时(38.0℃以下),要立即开始加温,并向兽医师报告。

● 在使用热水袋时要注意低温烫伤,应时常改变热水袋的位置,变换动物体位。

● 如果使用保温垫就不容易引起低温烫伤(图15-7)。

● 可能的话也要对输液加温(图15-8)。

(2)心搏(观察心搏数和不整脉等脉搏状态)

● 心搏数正常吗(心搏过快、心动过缓时向兽医师报告)?

● 没有脉搏不整情况吗(发现了不整脉情况立刻向兽医师报告。当连接了心电监护仪时,尽量完整记录下异常心电图)?

(3)呼吸(观察呼吸数和呼吸状态)

● 呼吸是浅还是深?

● 没有呼吸费力的情况吗?

● 胸部和腹部起伏动作正常吗(呼吸时胸部没有异常的大幅度的过度起伏动作吗;伴随呼吸腹部没有异常动作吗?)?

- 听到了异常的呼噜声吗？

- 发现了上述异常情况时在吸入氧气的同时，向兽医师报告。

（4）苏醒后没有发生再度意识丧失情况吗

- 呼唤名字观察反应。

- 比上次观察时发生了意识低下情况，向兽医师报告。

- 苏醒延迟时，变换体位（之前右侧卧变成左侧卧；之前左侧卧变成右侧卧）。但是由于手术部位的限制，有时不能变换体位，因此，要根据兽医师的指示进行操作。

（5）氧饱和度正常吗

在血气检测仪上出现氧饱和度（SpO_2）降低时，插上输氧管进行调整。即使这样 SpO_2 仍低于 95% 时，立刻向兽医师报告（图 15-9）。

（6）听诊时有异常吗

- 呼吸音里没有异常的杂音吗？

- 心音里没有异常的杂音吗？

- 当确认有异常的杂音，异常的状态时，立刻报告兽医师（图 15-10，图 15-11）。

（7）血压正常吗

- 触诊股动脉检查血压，或者使用自动血压计检查。

- 和术前术中比较出现大的变化时，加上对血压套袖进行调整，同时向兽医师报告。

（8）循环没有问题吗

- 确认皮肤，黏膜（眼结膜，舌，口唇，齿龈等）颜色，确认有无发绀情况。

- CRT（毛细血管再充血时间）2 s 以上时，向兽医师报告（图 15-12）。

- 如果有发绀的情况，请再度确认呼吸状态和心搏情况，立刻向兽医师报告。

（9）有四肢发冷，震颤情况吗

- 肢体末端发凉，震颤时，再度确认循环状态和体温，并向兽医师报告。

- 苏醒时震颤加剧，可能是疼痛所致。

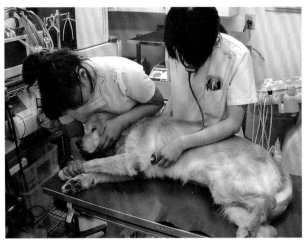

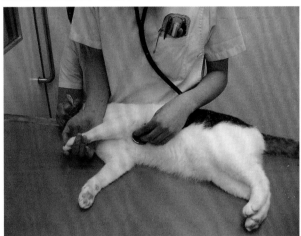

图 15-10，图 15-11　听诊照片。在左侧前胸部最容易听到心音

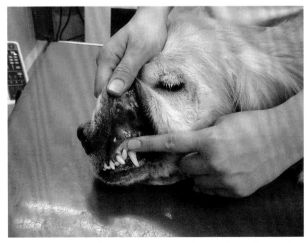

图 15-12　CRT 确认。手指轻轻压迫齿龈，测定几秒钟后是否能再恢复红色

表　　犬和猫的各种生理指标正常值

	犬	猫
体温（℃）	37.5~39.2	38.1~39.2
心搏（/分）	60~180	140~220
呼吸数（/分）	10~30	24~42
平均血压（mmHg）	90~120	100~150
收缩压（mmHg）	100~160	100~160
舒张压（mmHg）	60~100	60~100
CRT（秒）	< 2	< 2
尿量 ml/（kg·h）	1~2	1~2
动脉血氧饱和度（SpO$_2$%）	95~100	95~100

 技术要领、要点

- 用听诊，触诊（胸部，股动脉），心电图以及脉搏记录仪等各种方法确认心搏动状况。
- 当肉眼不能确认呼吸时，可用纸条来判定。
- 在体温低下时，要再度确认体温计是否插在了粪便中。
- 进行肺部听诊时，要进行大范围的听诊，以便确认有无杂音。
- 由于心搏数和血压有时会发生变动，事先应请兽医师决定应该报告的上限值和下限值。
- 在确认观察结果出现异常时，有必要向兽医师报告之后身体的变化趋势。另外，在此时应制作或修改护理计划，增加观察项目。此时要注意，要使观察记录表简单、易懂，格式统一。

（10）疼痛严重吗

- 疼痛严重时，在苏醒时当触摸手术部位会出现躲避和反抗情况。并且睡觉时头部朝下，身体呈圆形，有身体震颤的情况。
- 发现疼痛严重时向兽医师报告。

（11）没有呕吐迹象吗

- 中途停止呕吐动作，或者频频舔舌头等，发现有恶心症状时即是呕吐迹象。
- 要进行呕吐时，使头部低下，发生呕吐时，要注意不能让呕吐物堵塞喉部，应迅速拿起镊子和纱布，以便及时应对，并准备吸引器。

（12）点滴的路径正确吗

- 输液剂没错吗？输液速度正确吗？
- 观察血管留置针周围有无漏血，出血以及疼痛情况。
- 用器械等将插有留置针的肢体伸展时，要确认动物有无痛苦表现。
- 不能处理时向兽医师报告。

（13）各种管路正常吗

- 确认膀胱留置的导尿管，胃导管，废液导管的位置和固定状态。
- 观察导管中排出液体的量和性状（颜色，浑浊度，混有血液，沉淀物以及比重等），出现异常时向兽医师报告。

（14）体位舒服吗

在动物不能自己改变体位的情况下，尽量保持使动物舒适的体位。

（15）手术部位没有问题吗

在渗血等轻度出血的场合，可用纱布压迫止血，压迫 5min 还不能止血时，向兽医师报告。

（16）动物的周围安全吗

- 动物在苏醒时会出现剧烈的骚动情况，因此，动物周围不能放置物品。
- 当头部剧烈震动时，为了避免撞击头部应垫上垫子或毛巾被。
- 当发生非常激烈的转动时，有必要采取镇静措施，因此要向兽医师报告。

（17）能产生尿液吗

● 当插入膀胱导管时要测量尿液，观察确保尿量为 0.5~1ml/（kg·h）；

● 在上述事项全部达到正常之前，每隔 15min 进行一次全面观察（表）。

为了不出错

如果不进行术后的观察、评价，以及实施适当的应对处理，动物可能有生命危险。

忘记了应在观察时间内进行观察时，不能等到下次时点，应立即进行全部项目的观察。当发现心跳停止，呼吸停止时，不能单靠自己采取全部应对措施，要大声呼叫兽医师和其他工作人员，在援手到来之前应连续压迫胸部，辅助循环和呼吸运动。

在呕吐物将要滞留于喉头时，将动物头部朝下，轻轻晃动颈部。如果这样还不能排出呕吐物时，可用镊子和纱布取出。使用吸引器吸引，应事先报告兽医师（图 15-13）。

如果长时间不变换体位，下侧肺部会有积液存在，空气不易进入。因此，当出现了呼吸或循环问题后，有时改变体位能够缓解。

如果不使用输液泵，体位会影响输液速度。输液速度变化时，应尝试改变血管留置针根部的位置。

长时间将多导生理指标检测仪的探头夹在相同位置时，会导致氧饱和度测定值降低。故当氧饱和度测定值降低时，首先尝试变换探头位置。

当体温降低时，重点温暖股内侧，体胁部下方以及背部，不过要十分注意避免发生低温烫伤情况。

长江秀之（长江动物医院）

图 15-13 吸引器。误咽呕吐物时用它吸出来

 向兽医师报告的要点

● 不能明确确认心搏，呼吸等各种观察指标时，应立即向兽医师报告。

● 观察结果与上一次相比有较大变化时，立即向兽医师报告。

● 向兽医师报告时，如果连同上一次数值一起报告给兽医师，判断起来比较容易。

● 当感觉到"这样的事情有必要报告吗？"时，将感觉全部传达给兽医师。

● 发现了即使是观察项目之外的情况时，也要积极报告，以防情况恶化。

 向动物主人传达的要点

● 向动物主人传达的内容应事先和兽医师沟通。

● 切记不要说"已经没啥问题了"这样的话。

● 重要的问题一定请兽医师传达。

● 明确传达现在的状况、请不要说错话，或隐瞒真相。

● 向动物主人说明时，在病历上要记载什么时候、向谁、传达了什么。

动物医院护士应该掌握的创伤治疗知识

建议

　　在很多动物医院创伤治疗是十分常见的业务之一。但是在此之前，按照传统方式进行的贴上消毒的干燥纱布的做法，用现在的理论是被完全否定的。例如，对健康动物的轻微外伤，虽然也进行消毒、干燥的疗法，这只不过是即使是错误的处置也没有关系，有机体可以战胜伤痛而自愈的。作为动物医院护士应该清楚地理解治疗外伤的理论，掌握符合理论的处置方法。

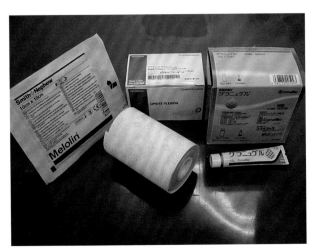

图 16-1　左：非黏性纱布包扎物（Smith&Nephew）；中央：卷轴绷带（Smith&Nephew）；右：保湿绷带（ConvaTec）

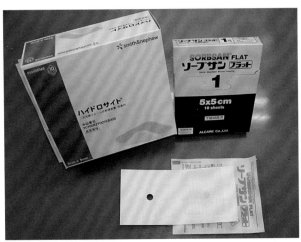

图 16-2　左：聚氨酯橡胶绷带（Smith&Nephew）；右侧及前面：藻酸绷带（ConvaTec）

备品

● 创伤诊疗用器械包
● 电动剃毛推子
● 自来水 / 生理盐水
● 剪子 / 镊子 / 手术刀片
● 各种包扎材料 / 绷带

器具一览表

包扎类材料一览
● 非黏性绷带（Smith&Nephew）（图 16-1：左）
● 卷轴绷带（Smith&Nephew）（图 16-1：中央）
● 保湿绷带（ConvaTec）（图 16-1：右）
● 聚氨酯橡胶绷带（Smith&Nephew）（图 16-2：左）
● 藻酸绷带（ConvaTec）（图 16-2：右侧及前面）
● 露孔绷带（图 16-3）
● 另外，也有利用食品包装保鲜膜或者带孔的塑料袋的方法（图 16-4）。在处理褥疮（床铺伤）或者渗出液较多的创伤时，使用这些非医用材料的替代方法，不但经济而且方便好用
● 绷带类：为了固定上述包扎材料而使用的物品（有各种品牌的市售商品）（图 16-5）

图 16-3 吸水性半封闭性包扎材料

图 16-4 在本院使用的自制的带孔塑料袋和伤口用包裹纸组合包扎材料。不但能使创面保湿，塑料袋的孔还有利于流出渗出液，因此，可用于渗出液较多的创伤。另外材料便宜，经济性较好。也可以利用保鲜膜等作为创伤的包扎材料

图 16-5 为了固定、包扎所使用的绷带类材料。从左侧开始，依次是各种厂家生产的各类具有伸缩性的黏性绷带。在使用伸缩性绷带时要特别注意不能包扎太紧。在固定等操作时采用的罗伯特琼斯绷带法（参考外科学资料），采用这种方法就可以做到虽然包扎松弛但不脱落

技术顺序

1. 关于清洗和消毒

　　不是所有的创伤都要进行消毒。在创伤内部以及周围的皮肤上有皮肤常在细菌，还存在着各种各样的细菌。进行消毒能够暂时性的减少这些细菌的数量，可是消毒后几分钟至 1h 左右，菌群又恢复到了原来的状态，因此，依靠消毒使伤口形成无菌状态是不可能的。

　　并且，消毒过程损害了伤口修复所必需的纤维肉芽组织或上皮细胞，以及杀灭了在预防感染上所必需的白细胞等免疫细胞，因此，现在认为对伤口消毒不利于伤口愈合。

　　对于被泥土或异物污染的伤口，进行充分的清洗是必要的。在清洗时使用生理盐水或者自来水都可以，

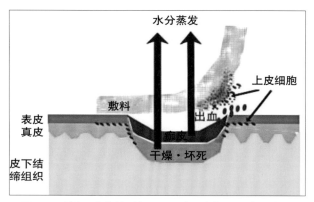

图16-6　盖上干纱布创面就干燥了，先是渗出液干了便形成痂皮，痂皮下的真皮或者皮下组织发生了干燥、坏死。由于上皮细胞（从基底层分裂、移动）在干燥的环境不能移动，只能在坏死的组织下层进行缓慢的潜伏移动，故延迟了创伤愈合时间。在更换纱布时，和痂皮一起剥离了新增殖的移动出来的上皮细胞，破坏了创面，故引起出血和疼痛

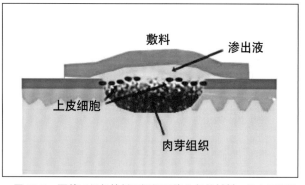

图16-7　覆盖了能保持创面湿润环境的包扎材料，没有干燥的渗出液覆盖整个创面，有助于创伤愈合。健康的肉芽组织增殖，上皮细胞就能在其上面像滑行一样迅速移动。肉芽组织只要不干燥就不会发生严重的疼痛。由于肉芽组织收缩和上皮化，促进了伤口的早期愈合

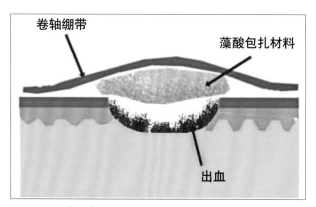

图16-8　伴有出血的新鲜创伤，在进行剃毛、清洗后，将藻酸绷带轻轻填入创伤内，在其上面覆盖包扎材料。然后在其上面用绷带进行宽松固定。藻酸绷带吸收血液或者渗出液使之胶冻化，在保持创面湿润的同时起到了很好的止血作用

只是水温要接近体温为好。在严重污染的情况下可用刷子进行彻底清洗。在经过治疗进入修复阶段的伤口，要避免用强水流用力洗刷伤口内部，以清洗周围的皮肤污染为重点，用和缓的流水清洗即可。

2. 关于干燥和湿润环境

没有受伤的正常皮肤，以角质层为最外层的表皮称为有机体的护甲，以此来抵御外界的刺激或者干燥。但是受伤后的表皮缺损，从创面不断流失大量水分。由于真皮、皮下结缔组织以及肌肉等机体的内部组织对干燥的抵抗力较弱，发生干燥就会造成死亡，创面扩大、恶化。另外，在干燥环境下，对于创伤修复或者预防感染发挥重要作用的纤维肉芽细胞，白细胞，上皮细胞等机体细胞也不能很好地发挥作用，因此延长了伤口的愈合时间。还有，创面干燥会加重疼痛（图16-6）。从创面分泌出的渗出液含有各种预防感染、修复组织所需要的细胞成分或者细胞生长因子。渗出液不只是防止创面干燥，也是创伤愈合所不可缺少的重要因子。如果渗出液干燥了，会形成痂皮而延迟创伤愈合。因此，保持创伤的湿润状态是重要的（图16-7）。

3. 判断是否发生了感染

和健康的皮肤相同，在所有的创伤内部都存在着细菌。但是，因为有细菌存在就判断为感染是不行的。就是说，在创面上培养细菌时出现了阳性结果，不一定就是感染状态。

通常，在1g左右的组织中细菌数达到10^5~10^6个时，感染才会成立。在临床上出现了肿胀、发红、发热、疼痛炎症4大症候时，可判断为感染。一般的情况是发生创伤感染的有机体会出现全身发热症状。另外，在创伤内存在异物或者坏死组织的话，会成为细菌繁殖的优良培养基，因此，即使少量的细菌也会形成感染状态。由此可见，为了预防感染，去除异物、坏死组织是重要的。

从发生感染的创面流出与正常渗出液不同的，带有黄白色或者土黄色的，黏稠状的，伴有异样臭味的

炎性分泌物，把这种分泌物称为脓汁。

有必要明确区别脓和渗出液。在发生感染的时候可用抗生素进行全身治疗。有关感染创的局部处理将在后面叙述。

4. 新鲜外伤的处理

对于创伤可以分为几种类型，不过进行治疗时的基本原则与创伤类型无关，都是相同的。

作为基本的处置，对新鲜外伤开放创的处理方法先进行介绍。

首先，对创面及创伤周围进行清洁。去除痂皮或者污物以及污染物质，在创伤周围用剃毛推子广泛剃毛。

不使用消毒剂，用温的流水喷头将创内和创伤周围仔细清洗干净（参考前述的"有关创伤的消毒和清洗"部分）。

其次，对于在创伤内有坏死组织或者异物的场合，将其去除。此项处置称为清创。当仅用清洗方法尚不能去除异物时，可用手术刀片或者剪刀将其去除。此时要注意的是，当去除坏死组织时，不要造成新的创、流血。在火器伤等场合，一次不能彻底清创时，在每日更换绷带时实施少量多次去除坏死组织的方法为好。

第三，在伴有出血的新鲜创，用藻酸绷带轻轻填充创面，用包扎纱布进行包扎固定和止血（图 16-8）。不过所谓止血，也没有必要将绷带包扎太紧形成压迫状态。

第四，从第二天开始到清创完了的几天时间内，用保湿非黏性纱布覆盖创面，进行简单的创面包扎（图 16-9），每日更换。更换时轻轻清洗创面。

第五，当坏死组织清理完毕而完成清创时，用聚氨酯橡胶等材料包扎创面，每 2~3d 更换一次。当发现这些包扎材料有使创面干燥的倾向时，可用凡士林或液体石蜡涂抹创面以防干燥。如果愈合过程正常，创面内应该长出粉色的健康肉芽组织（图 16-10）。不要损伤肉芽组织而造成出血情况，要很好地培育肉芽组织。

第六，如果肉芽组织填平了创面，从创面周围开

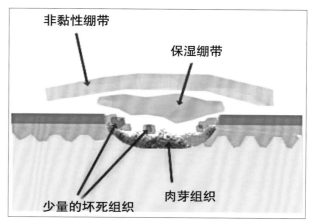

图 16-9　在创面残留有坏死组织时，清创是必要的。在此期间使用绷带以保湿绷带和非黏性纱布保护创面为好。保湿绷带自身含有水分，同时还能维持渗出液的存在而使创面保持湿润，有助于溶解、清除少量的坏死组织

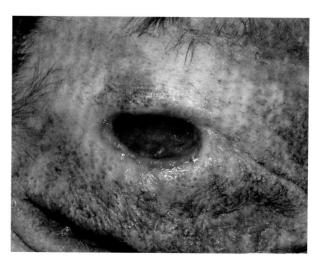

图 16-10　经过适当处置后的创面长出健康的肉芽组织。照片内见到的创内粉红色的，具有丰富血管的组织就是肉芽组织

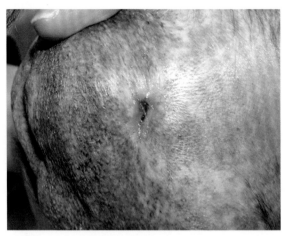

图 16-11　当肉芽组织收缩，从创口周围开始上皮化，创面闭合，创伤治愈

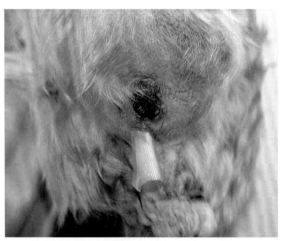

图 16-12　切开乳腺肿瘤并发的脓肿并排出脓汁，图为设置引流管的位置。将引流管包裹吸水纸等以便吸去脓液

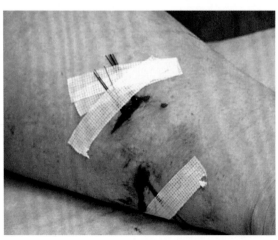

图 16-13　被狗咬伤（人，下腿部）患者，用 3.0 尼龙线引流的病例。为了避免创口闭合、干燥，在创口上贴上聚氨酯橡胶绷带（慈泉会相泽医院创伤治疗中心拍摄的照片）

始出现上皮化的情况，创面全体开始收缩，创伤向愈合方向发展（图 16-11）。

刚形成的上皮很薄，易脱落，因此，在此期间如果用强水流进行冲洗的话，有剥离上皮的危险。

5. 咬伤、感染创等的处理

如果创内残留异物、坏死组织，容易形成感染情况。在被动物咬伤的场合，口腔内的污染物质和细菌一起被送入到组织的深层，因此，形成感染创的概率较高。特别是在猫咬伤的时候，伤口小，创口很快闭合，很多都形成了化脓创。在治疗这样感染的创时，重要的问题是通过清洗创内的异物和浓汁，仔细冲洗创口（清创），以及不使创口闭合，促进渗出液、浓汁的排出（引流）。

因为是感染创，当然不需要消毒处置。

关于引流有多种方法，导管引流等将引流管插入创口是通常的做法（图 16-12）。当从导管中排出液体时，使用吸水性面巾纸或卫生纸将液体吸走。其他的引流方法有，把聚氨酯橡胶绷带剪成细条的引流法，或者将数根 3.0 的尼龙线代替引流管的引流方法也被使用（图 16-13）。用尼龙丝线进行引流时，引流孔周围干燥以及形成痂皮都会干扰液体排出，因此，为了避免干燥有必要覆盖保湿绷带。

为了控制感染的发生，用抗生素进行全身性预防给药。感染创的清创和引流是重要的，禁止使用能使创口闭合的包扎材料。感染症状消失后的处置方法和新鲜创的处理方法相同。

为了不出错

即使使用了专用的包扎材料等方法进行治疗伤口依然很难治愈时，应考虑以下几点。

1. 全身状态怎么样

患有肾功能不全，糖尿病以及免疫缺陷等疾患，患有低蛋白血症，肾上腺疾病等能够引起全身性代谢异常的基础性疾病的情况，都有可能延迟创伤愈合的时间。并且在患有皮肤无力症等皮肤纤维生成异常等疾病时，以及营养状态恶化以及高龄动物等场合，都会造成创伤的愈合延迟。

还有患有肿瘤（对局部或全身造成影响），以及在猫的场合是否患有 FIV，FeLV 等病毒性疾病也会影响创伤愈合。

2. 处置方式适当吗

不进行消毒以及不让创面干燥是当然的，实施过度清洗或是绷带包扎过紧影响血液循环等操作，都会阻碍创伤愈合的进程。保持创面的湿润环境是重要的。可是创面过度湿润，肉芽过度生长，也会延迟上皮的生成及伤口收缩。在创伤愈合延迟的时候，有必要一面观察创面状况，一面考虑变更包扎材料和更换频率。

3. 没发生感染吗

去除了异物以及坏死组织，进行确实清创处理的创伤，只要不进行严重的错误处理，一般不会出现感染情况。但是，在相当长的时间内，肉芽不收缩，不形成上皮，也许应该考虑非定型性抗酸菌感染的可能。由于被非定型性抗酸菌等特殊病原体感染时，不带有所谓的感染症候，一般有必要用病理组织学检查的方法进行确诊。

4. 是不良的肉芽组织吗

对于难以治疗的，慢性化创伤的肉芽组织，临床上称为不良肉芽组织。造成不良肉芽组织的原因尚不清楚，然而在病理组织学检查时，得到了不带有感染性病原体的不良肉芽组织的结果。

在这种情况下，使用外用肾上腺皮质激素有一定效果。或者在不能治愈的情况下将不良肉芽组织用外科方法切除，使之形成二期愈合。也可以考虑使用整形外科手术的方法闭合创口。

山本刚和（动物医院）

技术要领、要点

- 在创伤周围大面积剃毛。
- 确认有无感染症候、坏死组织以及异物是重要的。
- 不要过度清洗创伤，重点是将创伤周围的皮肤清洗干净。
- 为了使敷料覆盖整个创面，要使用足够大的敷料。
- 要注意不要过度绷紧绷带，进行广泛地，松弛地捆扎为好。

向兽医师报告的要点

- 要报告有无疼痛或者发热等炎症症候（感染症候）。
- 报告渗出液的数量，颜色以及气味。
- 报告肉芽的状态以及上皮化的进展情况等。
- 要报告和上次换药时相比出现了哪种变化（用录像或照片记录的话比较方便）。
- 如果有其他不合适的情况或者动物主人的要求等要报告。

向动物主人传达的要点

- 一定请注意不要让动物自行去除绷带和包扎材料。
- 有时需要装上伊丽莎白项圈或者口笼，请注意观察绷带或者包装材料脱落或包扎过紧等情况。
- 当在家里包扎材料脱落时，可清洗创伤周围但不需要消毒，用食品保鲜膜暂时保护创面，尽快来院处置。
- 要说明治愈创伤大约需要几周的时间（根据创伤的大小有时需要几个月的时间）。

输液的配制方法和留置针的管理

建议

　　在理解兽医师所做的疾病诊断，切实把握疾病状况及输液目的的基础上进行操作。首先要理解不同的输液剂是为了达到治疗目的而使用的。进一步掌握留置针的设置技术，进行有关准备或者保定等操作。

　　在准备输液时，要事先了解在输液中使用的器具、器械的操作方法后再行操作。输液管理内容包括输液的管理、病例的观察、输液器具以及器械的管理，有必要定时确认。要充满爱心地观察在输液中动物是否有痛苦以及有何种变化。

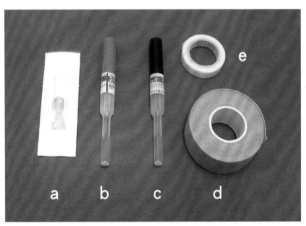

图17-1　留置针等。输液管路塞子（a），留置针24G×3/4（b），22G×1（c），黏性伸缩绷带（d），透明胶带（e）

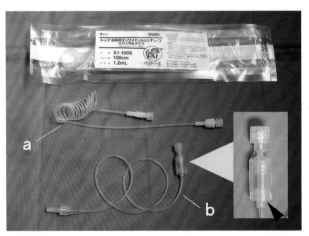

图17-2　延长管。（a）有各种品牌。（b）：箭头所指是管路扭转防止器

备品

● 在进行输液剂调制时，要准备注射针、注射器以及连接管

● 为了静脉留置输液针，要准备血管留置针、各种注射管阀、肝素以及生理盐水

● 输液包，翼状针，在必要的场合还要准备延长管，三通开关，输液管及管路扭转防止器

● 输液泵

器具一览表（图 17-1，图 17-2）

● 留置针：各种品牌的留置针（24G×3/4，22G×1）等

● 输液管塞子：各种品牌商品

● 固定用黏贴：各种品牌商品

● 伸缩性绷带：各种品牌商品

● 黏性绷带：各种品牌商品

● 翼状针：静脉用翼状针（24G×3/4，21G×3/4）

● 延长管：有各种品牌商品

● 顶级输液组合 TIS-037H（带有输液泵）

● 顶级动物用输液泵 TOP-220V 等

● 连接管：有各种市售品牌

技术顺序

1. 开始输液前

（1）输液的目的

①体液管理

- 补充水分。
- 补充离子。
- 补充血容量。
- 维持酸碱平衡。

②营养

- 补充能量。
- 补充机体组成成分（氨基酸等）。
- 其他：保护血管（投药路径）等。

关于输液的目的，大致分为上述内容。最重要的也是日常进行的是体液管理，因此，下面以体液管理为中心进行叙述。

在各种疾病，手术等发生体液异常变动的场合，为了恢复体液的正常状态而进行输液。输液是维持体液的平衡，补充水分及电解质等最好的手段，根据疾病状况选择输液的种类，决定输液剂量。

（2）水分的平衡（图 17-3，图 17-4）

①体液量由摄取的水分和排出的水分决定

- 摄入水分：饮水，采食，代谢产生的水（将碳水化合物，蛋白质，脂肪作为能量时在体内产生的水分）。
- 排出水分：呼出气体(肺)，无感蒸发(皮肤等)，尿液（肾脏），粪便（消化道）。

②脱水：正常体液量减少的状态

- 不能正常摄入水分（不能进行采食，饮水）。
- 异常的水分丧失（呕吐，下痢，发热等）。
- 调节机构的异常（肾功能障碍，肾上腺皮质机能减退等）。

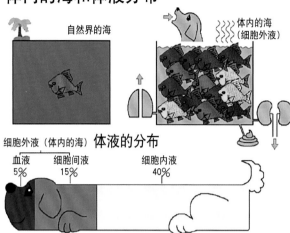

体内的海和体液分布

自然界的海

体内的海（细胞外液）

细胞外液（体内的海）

体液的分布

| 血液 5% | 细胞间液 15% | 细胞内液 40% |

图 17-3　身体中的"海洋"和液体分布。在生物进化过程中，在体内形成了体内海洋。所谓"体内海洋"是指存在于细胞外液的细胞外液。"体内的鱼"是指一个一个的细胞。自然界的海对于鱼来讲是广阔而且能够保持恒态稳定的大自然环境。可是体内的海和在水槽中的饲养高密度鱼儿一样。在这里，为了保持水质（维持体液的稳定性），设置了发达的肺脏和肾脏等器官。细胞外液（体内海洋）只有细胞内液的一半

体 液 的 代 谢

呼出气体

无感蒸发

饮水

采食

代谢水

粪便

尿液

100 g蛋白质⋯⋯⋯40 ml水
100 g碳水化合物⋯55 ml水
100 g脂肪⋯⋯⋯⋯107 ml水
*通常能产生10～16 ml水

图 17-4　体液的动态。体液平衡是由水分摄入（饮水，采食，代谢水）和排泄水分（呼出气体，无感蒸发，尿液，粪便）来决定的。所谓代谢水是指代谢分解蛋白质，碳水化合物，脂肪作为能量而产生的水分

表 17-1　输液剂的种类

输液剂	特征	Na$^+$ (mEq/L)	K$^+$ (mEq/L)	Ca^{2+} (mEq/L)	Cl$^-$ (mEq/L)	乳酸 (mEq/L)	葡萄糖 %
等压电解质液							
·生理盐水	与 ECF 相比缓冲液不含高 Cl$^-$，用于纠正低 Cl$^-$ 性代谢性偏碱性	154			154		
·林格尔液	与 ECF 相比，高 Cl$^-$ 阳离子的组成与 ECF 相近，用于纠正低 Cl$^-$ 性代谢性偏碱性	147.2	4.0	4.5	155.7		
·乳酸林格尔液	组成与 ECF 最接近，含有乳酸（碱化作用）						
在乳酸代谢不全时不能使用		131	4.0		110	14	
等渗葡萄糖							
·5% 葡萄糖液	纠正脱水，不能补充能量，对猫有升高血糖的作用						5
低渗复合电解质液							
·补液开始用液体（补液 1 号）	含有水和电解质，安全范围广，作为开始补充原因不明的脱水用，含有乳酸（碱化作用）	90			70	20	2.6
·脱水补充液（补液 2 号）	含有水和电解质，含有高浓度的 K$^+$，在电解质不足代谢性偏酸时使用	77.5	30		59	48.5	1.45
·维持用液（补液 3 号）	含有水和电解质，含有高浓度的 K$^+$，在电解质异常不严重病例使用	50	20		50	20	2.7

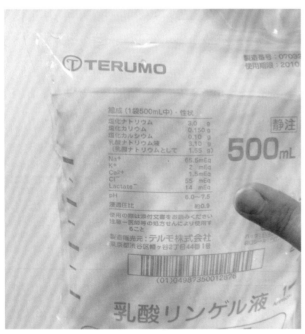

图 17-5　输液剂的组成。参考表 1 理解输液剂的种类和组成

2. 输液剂的准备

（1）选择输液剂

① 输液剂的选择以及输液量和输液速度的确定，基本上是兽医师根据病例的状况来决定的，在这里就有关影响因素进行简单说明

② 由输液目的决定输液剂的种类

● 补充循环血量：等压电解质液。

● 纠正脱水：首先用等压电解质液纠正细胞外液，之后使用含有蒸馏水的低渗透压复合电解质液纠正细胞内脱水状况。

● 纠正电解质平衡：以症状或者血液检查结果进行评价，决定输液剂种类。因为正常的体液 pH 值（7.40），因此，具有碱性倾向（偏碱性）时，输液剂应选择不含碱性成分的生理盐水，林格尔液等；具有酸性倾向（偏酸性）时，应选择含有乳酸等碱性成分的乳酸林格尔液。然而，纠正偏酸性时，只是在乳酸林格尔液含有的乳酸尚不能满足时，有必要进行计算，添加乳酸或者碳酸氢钠等物质。

● 纠正离子平衡紊乱：在食欲不振，肾功能障碍情况时发生的低血 K，要使用含有多量 K$^+$ 的输液剂。

（2）查看输液剂标签（图 17-5）

● 确认品名、成分、组成、热量、pH 值、渗透

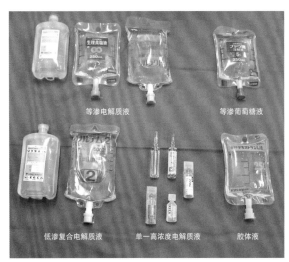

压比（与生理盐水相比的渗透压）。

（3）了解输液剂的种类（表 17-1，图 17-6）

① 等压电解质液

● 生理盐水、林格尔液、乳酸林格尔液。

● 补充 ECF（细胞外液）时使用。

● 用生理盐水，林格尔液纠正偏碱性。因为乳酸林格尔液中含有乳酸（具有碱化作用），因此，用于纠正偏碱性以外的脱水。

② 等压葡萄糖液

● 5% 的葡萄糖液体（电解质含有量为 0）。

● 为了补充水分（不补充能量）。

③ 低压复合电解质液

● 补液开始用液，脱水补充液，维持用液。

● 内科输液：不需要紧急纠正 ECF（细胞外液）的液体，含有细胞内液。

④ 单一高渗电解质液

● 50% 葡萄糖液，碳酸氢钠（7% 碳酸氢钠）液，氯化钠液，天门冬酸钾（L- 天门冬酸钾）液，氯化钾（KCl）液，乳酸钠液等。

● 用于调整输液剂组成。

⑤ 胶体液

● 明胶，右旋糖酐 40，右旋糖酐 70，白蛋白等。

● 存在于血管内维持胶体液渗透压。

● 比离子液体有很大的血管扩容作用，因此，在休克时输液量为离子液体的 1/5~1/4。

● 要注意影响血液凝固。

（4）输液剂的配制（图 17-7）

① 技术

● 在混合液体量不多时，通常使用注射器进行。

● 在混合液体量多时，使用连接管进行。

● 在使用注射器或连接管穿透输液剂容器的注入口时，新打开封口盖时为无菌状态，因此，不必消毒。在使用已经开了盖的输液容器时，应该用酒精棉球消毒瓶盖，要注意无菌操作。

② 调制实例

一般有各种商品化的输液剂，故不必进行调制。只在没有商品化输液剂时才进行调制。

● 把生理盐水和 5% 葡萄糖液按照 1：1 混合，基本相当于补液开始用液（1 号液）（在调制输液时，由于不含乳酸，在纠正偏酸倾向时，在必要的情况下

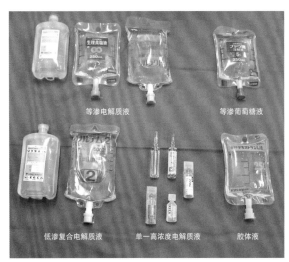

图 17-6　各种输液剂。等压电解质液：林格尔液，生理盐水，乳酸林格尔液，等压葡萄糖液，5% 葡萄糖；低压复合电解质液：葡萄糖氯化钾复合制剂（1 号液），2 号补液剂（2 号液）；单一高渗电解质液：50% 葡萄糖液，20% 葡萄糖液，含钾高渗液，天门冬酸钾，碳酸氢钠，明胶液：右旋糖酐 40

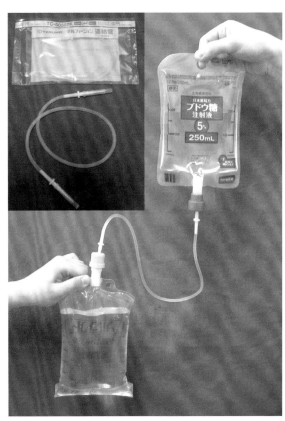

图 17-7　输液剂的配置。配置输液剂量多时，用连接管连接两个输液袋进行调制

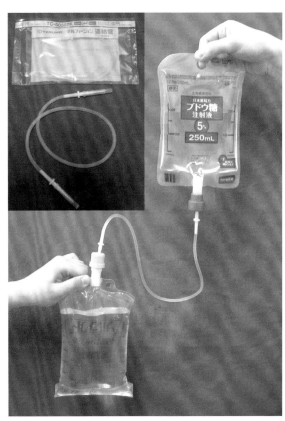

输液的配制方法和留置针的管理

115

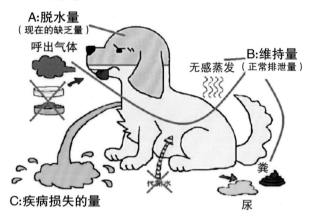

体液不足量=ABC

A:脱水量
（现在的缺乏量）
呼出气体
B:维持量
（正常排泄量）
无感蒸发
代谢水
粪
尿
C:疾病损失的量

图 17-8　体液的缺乏量。体液的缺乏量 = 现在的缺乏量（脱水）+ 正常的损失量（维持量）+ 疾病的损失量（呕吐，下痢，多尿等）

表 17-2　从身体检查结果评价脱水程度

脱水量（%）	症　　状
< 5	虽然有呕吐或者下痢症状，检查时未见异常
5	口腔黏膜轻度干燥
6~8	皮肤弹性呈轻度或中度下降；牵拉皮肤实验维持时间：2~3 s；口腔黏膜干燥，CRT：2~3 s，眼球稍稍凹陷
8~10	皮肤牵拉实验维持时间：6~10 s
10~12	皮肤弹性极度下降，皮肤牵拉实验持续时间20~45 s；口腔黏膜干燥，CRT：3 s，眼球明显凹陷，精神中度或高度沉郁，肌肉发生不随意性痉挛
12~15	明显的休克状态，接近死亡

可添加碱性成分）。

● 生理盐水（或者乳酸林格尔）和 5% 葡萄糖按照 1∶1 混合，根据必要添加 K⁺（天门冬酸钾或者含钾高渗液）以及乳酸钠溶液，大致相当于脱水补充液（2 号液）。

● 生理盐水（或者乳酸林格尔）和 5% 葡萄糖按照 1∶2 混合，根据必要添加 K⁺（天门冬酸钾或者含钾高渗液）以及乳酸钠溶液，大致相当于维持液（3 号液）。

（5）输液量的确定

① 评价体液量的不足来确定输液量

合计为现在的缺乏量（脱水量）+ 正常的损失量（维持量）+ 疾病造成的损失量（图 17-8）。

② 现在缺乏量的计算

● 以体重来推算：健康时的体重 – 现在的体重。

● 从身体检查结果推算（表 17-2）。

● 根据血液浓度推算：体重（kg）× 0.6 ×（1–PCV 的标准值 / 现在的 PCV）。

③ 维持量的计算

● 从 BER（基础量 – 必须量）计算：体重（kg）0.75 × 纠正系数

< 对应 BER 的纠正系数 >

笼子内	手术后	外伤	癌症	败血症	大范围烫伤
1.25	1.25~1.35	1.35~1.50	1.50~1.75	1.50~1.70	1.70~2.00

● 从体重计算

动物体重（kg）	3	10	50
维持量（ml/kg/day）	80	65	50

● 如下所示，从体重换算输液的维持量

● 3kg 左右的小型犬，体重（kg）×80ml/d。

● 10kg 左右的中型犬，体重（kg）×65ml/d。

●50kg 左右的大型犬及超大型犬，体重（kg）× 50ml/d。

④ 从异常丧失量来推算

● 从混入排泄物的呕吐量，下痢量推算。

● 以排泄尿量 48ml/（kg·d）为基准，超过这个指标计为异常损失。

3. 设置留置针

设置留置针部位和注意点

①桡侧皮静脉（图 17-9-1）

● 静脉输液的最佳部位。

● 如果血管留置部位离肘关节太近，当前肢屈曲

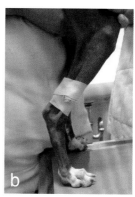

图 17-9-1 在桡侧皮静脉做留置针
a. 在桡侧皮静脉做留置针时，保定动物呈犬坐姿势，使肘部稍稍偏向内侧，拉伸肘关节。腕前远端（前肢跟关节稍稍头侧部位）有两根静脉分支（由副桡侧皮静脉分出：箭头指向），因此，做静脉留置针时必须注意此分支。
b. 完成静脉留置针操作之后

图 17-9-2 在外侧伏静脉做留置针
a. 保定时将犬大腿部向尾侧牵引，在膝窝外侧伏静脉的近端压迫血管，使外侧伏静脉怒张（箭头指向部位）。在做留置操作当中，要松开压迫的血管，因此，有必要分别进行保定和压迫血管操作。
b. 完成静脉留置针操作之后

时会造成管路闭塞，要注意这种情况。

● 在腕前远端（前肢跟关节的稍微头侧部位），有两根分支静脉（由副桡侧皮静脉分出）。如果留置针的针尖抵达血管分支部位的话，可能引起堵塞，因此，有必要在进行留置操作时，要在比留置针的外套长度更长一些的远位进针。

②外侧伏静脉（图 17-9-2）

● 犬可利用此静脉，可是猫由于脉管太细不容易进针。

● 由于膝关节屈曲容易造成管路闭塞，因此，管理留置针是不容易的，有时要采取固定动物姿势等手段限制膝关节屈曲。

③ 内侧伏静脉（图 17-9-3）

● 犬和猫都可使用此脉管。

● 由于膝关节屈曲会出现闭塞现象，故管理留置针并不容易，有时有必要采取固定手段限制膝关节屈曲。

④外侧颈静脉

● 进行中心静脉输液时使用。

● 也可以进行一般的输液。

● 以静脉输液的方式快速注入造影剂操作时可使用此脉管。

4. 输液的准备及管理

（1）输液包的准备

● 输液包－输液器材组合（输液瓶针头－输液速度

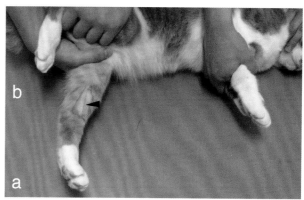

图 17-9-3 在内侧伏静脉做留置针
a. 和外侧伏静脉留置针的情况相同，保定时将犬大腿向尾侧部牵引，压迫大腿内侧的大腿静脉，使内侧伏静脉怒张（箭头指向）
b. 完成静脉留置针操作之后

→关于设置方法请一定参考第 7 章留置针插入法
（柴内晶子），里面有详细介绍。

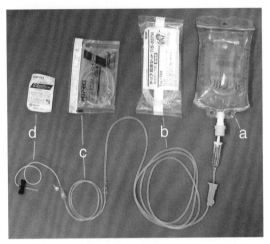

图 17-10　输液的准备。与输液袋（a）连接的输液器
材组合（b），根据必要连接延长导管（c），装上翼
状针（d）

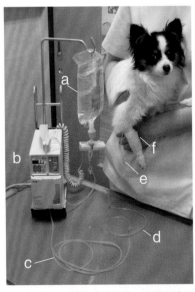

图 17-11　输液泵的组合。通常用输液
泵（b）进行输液，采用与输液泵组合
在一起的输液器具包（c）。在动物转
动的时候，一般不使用延长导管，而是
使用带有回旋装置的转轴导管，以防输
液管扭曲导致闭塞

观察管 – 导管 – 翼状针 – 留置针）（图 17-10）。在进
行多种输液或者在输液同时给药时，使用三向活栓。要
注意无菌操作，有必要将药物充分混匀。另外，在进行
输液前要再一次确认输液剂和要输液的动物是否一致。

（2）输液泵的准备

由于在自然状态下进行点滴受体位等因素影响，
不能调控输液速度，因此，通常使用输液泵进行输液。
一般输液泵和输液器具包配合使用。在输液泵里有输
液器具组合（图 17-11）。

（3）自然滴下的输液

要注意由于体位，留置针的部位，关节的屈曲等
因素会影响输液速度。关于输液速度要观察输液速度
观察管 1min 落下的水滴数来调节。通常的输液器具
组合为 15 滴 1ml，输血器具组合为 12 滴 1ml，小儿
用输液器材组合为 60 滴 1ml。

5. 输液的管理

（1）输液中对患者的观察

● 在输液中有必要定时观察患者的状态变化，血
管留置部位是否发现异常。如果出现哪种变化立刻向
兽医师报告。

● 患者的变化：姿势，意识状态，呼吸异常，可
视黏膜变化，用听诊或者触摸股动脉的方法评价心搏
状况。另外还有必要观察尿量的变化。

● 血管留置部位的异常：要注意变红或者肿胀，
疼痛，液体漏出血管外等情况。并且也可能出现由于
输液泵的异常，或者输液管的破损等造成静脉血逆流
（血液向翼状针逆流）。

● 输液中的动物有时会啃咬血管留置部位或者使
输液管损坏，此时必须及时处置。另外，有些动物非
常注意留置部位，这时也可能出现液体漏出血管外的
情况，此时有必要加以确认。

（2）输液泵的管理

①显示闭塞信号时的确认项目

● 血管留置针出现异常（液体漏出静脉外，由于
留置针外套折曲或者静脉内有凝血块等导致闭塞）。

● 管路闭塞 [动物脚踏，门夹住了导管，输液管
扭转等（图 17-12）]。

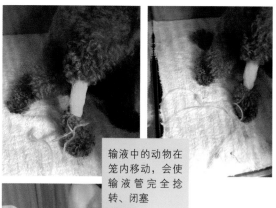

自动转轴装置:
・减少输液管扭转
・即使扭转由于有转轴装置，也可以很容易解除扭转

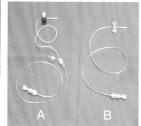

自动转轴装置:
由于转轴装置而避免管路扭转，带有转轴装置的导管较硬，因此不易扭转。A：自动转轴装置 + 通常的翼状针（由于导管太软容易扭转）。B：带有翼状针的自动转轴导管（由于导管较硬不容易扭转）

输液中的动物在笼内移动，会使输液管完全捻转、闭塞

拿掉输液管解开扭转：将输液组合的连接部消毒，在输液中拿掉输液管，解除扭转

图 17-12　输液管的扭转

② 出现滴下异常信号时的确认项目

● 输液泵调节旋钮设置异常，或者输液速度观察管倾斜。

● 输液时间过长，输液管变形（扁了）。

● 使用了非专用输液器具组合。

● 由于特殊输液剂（比重大的输液剂，含有表面活性剂的输液剂等）原因。

③ 出现空液信号时的确认项目

● 输液剂用完了；忘记设置输液泵的输液完成设置；输液管调节阀关闭。

为了不出错

● 在输液剂的调制，输液器材组合的准备等操作时，如果没进行无菌操作，要将污染的物品废弃，重新进行准备；

● 在自然输液状态下，如果不能进行安全输液速度的调整应使用输液泵；

● 在输液中若出现"闭塞"的信号提示时，要查明原因并向兽医师汇报，听取处理措施。

● 当输液剂漏出血管外时，输液剂种类不同，处理方法也不同，因此要立刻停止输液并立刻向兽医师报告。

大村知之（大村动物医院）

技术要领、要点

● 了解病例状况，认真进行输液目的，输液剂的种类等的确认。

● 正确操作输液器具、机器，对输液、输液管及血管留置针要进行无菌操作。

to doctor　向兽医师报告的要点

● 在输液中出现异常，有必要停止输液并立即报告情况。

● 在传达异常状况时，有必要在正确理解状况后进行报告。

● 要调整输液剂的状况，输液管的异常，输液泵的异常，血管留置针以及留置部位的异常，患者的异常（姿势，意识状态，异常行动等）。

to family　向动物主人传达的要点

● 由于血管留置针的外套是软的，可以在不约束动物行为的状态下进行输液，向动物主人说明可以在无痛状态下进行治疗操作。

● 要说明由于进行无菌操作和使用专用器具，器械，可以进行安全输液。

调剂法的基础

　　人医的药物调剂是药剂师的主要工作，护士不进行药物调剂。调剂的概念不单单是根据处方抓药并将其放入药袋交给患者；要进行保管方法以及服用方法等的指导与说明，在服用多种药物时，对其配伍有无问题，或者医师的处方有无问题等进行确认，应具有对药品和疾病的相关知识，这是重要且技术含量很高的工作。

　　因此，动物医院护士为了掌握调制法的基本技能，首先必须知道调剂法的概念。

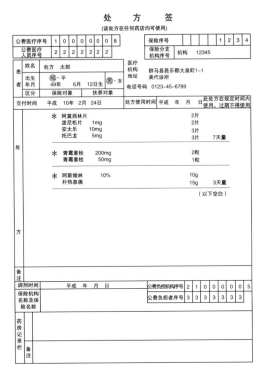

图 18-1　人的处方样本。这是医院给人开列的处方实例。由于人实行医疗保险制度，因此，在处方中记录的必要事项较多

技术的顺序

　　《药剂师法》19 条规定，"不具有药剂师资格的人，不能进行以贩卖药品或者给药为目的的药物调剂。不过，医生或者齿科医生根据自己的处方进行调剂时，或者兽医师根据自己的处方进行调剂时，不受此限制"。

　　兽医师是和医师、牙科医生具有相同的以治疗为目的进行药物调剂、贩卖法定权利的少数专门职业。在动物医院内进行药物调剂、贩卖时，前提是所有的调剂应在兽医师管理之下而且要由兽医师亲自进行，动物医院护士的调剂工作，是辅助兽医师调剂药物（帮手）。

1. 关于处方

　　兽医师对动物疾病进行诊断，认为有必要用药时，在专用的纸"处方签"上详细地记载必要的药品及其用量、用法、调制方法等事项。

　　在人的医疗中规定了如下程序，医师在处方签上写明该患者的药物处方，患者将此处方从诊所或者医院拿出后，交给药房然后领出药物。因此，处方签是绝对重要的文件（图 18-1）。

　　不过在动物医院，多数情况是由兽医师直接开出处方并进行调剂，特别是在小规模的动物医院，不开具专门处方而是在病例中直接列出药物的情况比较多见。但是，由于兽医师的时间紧迫，容易在病历中书写混乱，故在调剂阶段第三者很难读懂兽医师在病例中记载的处方内容。

　　如果在调剂、处方上出现错误是生命攸关的大问题，因此，建议一定使用区别于病例的专业处方签。

表 18-1　处方、治疗略语一览表

给药途径

略语	英语 / 拉丁语	中文
AC	Intracardiac	心脏内
IM	Intramuscular	肌肉内
IP	Intraperitoneal	口腔内
IV	Intravenous	静脉内
PO	Per os, oral	口服
SC or SQ	Subcutaneous	皮下注射
IR or SUPP	Intra rectus, suppositorium	直肠给药，坐浴
Ivinf	Intravenous infusion	静脉输液

2. 阅读处方的方法

在处方中，为了方便、迅速开列处方而多数使用特殊略语。如果不掌握这些用语的确切含义就不能理解处方并进行调剂，以及向动物主人进行药物用法的说明等。在动物医院，药房的主要工作通常由护士来担当，因此，一定要掌握处方用语。

如表 18-1 所示，处方用语（或者病例用语），例如，给药途径，给药间隔，其他事项（剂型等）一般使用略语化形式表示。在投药途径上，特别要记住 PO（为拉丁语的 Per os 或者英语的 oral）为口服用药。另外，SC 或者 SQ 为皮下注射，IM 为肌肉注射，IV 为静脉注射，作为动物医院护士，至少也要熟悉常用的略语（表 18-1）。

接下来，参考实际的处方来说明实际的记载方式。药的给药间隔，一般采用 SID（一日一次），BID（一日两次），TID（一日三次），QID（一日四次）等记载，以及 q6h（6 小时 1 次），q8h（8 小时 1 次），q12h（12 小时 1 次），q24h（24 小时 1 次）等，大致分为这样的表述方法（表 2）。

1 日 3 次和 8 小时 1 次具有微妙差别，多数用 1 日几次来表示。如果希望严格掌握用药时间，可用多少小时 1 次进行表示。另外，在特殊药物的情况下，在治疗肾上腺皮质癌时使用的称为米托坦，化学名氯苯二氯乙烷的维持疗法中，一般 1 周服药 2 次。此时处方的记载较为复杂，记载方式为：米托坦 500mg/tab，1/4tab，每周 2 次，bid PO，与采食一起进行。这是因为米托坦和采食（特别是脂肪成分）一起进行服药，容易吸收。服用与此相反的药物时，一般采用在两次采食之间进行给药。

其他相关用语（表 18-3）是比较重要的略语，例如，tab，cap 等，各指片剂，胶囊。在处方用语上大致可以分为完全使用日语表述的兽医师，以及英语、略语和日语适当混合表述的兽医师，请记住表中所列的略语。

3. 调制的实际操作

接下来参考处方实例，说明调剂的顺序。

（1）处方例 1

处方签例 1（图 18-2-1）是接近于实际的处方例子。在狗的体重为 10.5kg 时，假设为柴狗患上了过敏性皮炎。在小动物临床上，大量使用在人的医疗中使用

表 18-2　处方、治疗略语一览：投药间隔

略语	英语 / 拉丁语	中文
q	Every	每
q1h	Twenty four times daily	每小时 1 次或每日 24 次
q2h	Tweive times daily	每 2h1 次或每日 12 次
q4h	Six times daily	每 4h1 次或每日 6 次
QID or q6h	Four times daily	1d4 次或每 6h1 次
TID or q8h	Three times daily	1d3 次或每 8h1 次
BID or q12h	Twice daily	1d2 次或每 12h1 次
SID or q24h	Once daily	1d1 次或每 24h1 次
EOD or QOD or q48h	Once every other day	隔日 1 次或每 48h1 次
q72h	Once every three days	隔 2d1 次 或 每 72h 1 次
qxd	Once every x days	每几天 1 次
q1wk	Once every week	每周 1 次
qxwks	Once every x week	每几周 1 次
q30 d	Once every month	每 30d1 次，每月 1 次
q1mo	Once every month	每月 1 次
qxmos	Once every x month	每几月 1 次
qxmin	Once every x minutes	每几分钟 1 次
/ 日		每天
/ 周		每周
/ 月		每个月
/dog,/ 犬		每只犬（与体重无关）
/cat,/ 猫		每只猫（与体重无关）
div bid(tid)		分 2 次（3 次）给药
/head		每头（与动物种类、体重无关）

表 18-3　其他有关用语

略语	英语 / 拉丁语	中文
Cap	Cspsule	胶囊
Tab	Tablet	片（丸）
dd or div	Divided	份（分成几份）
V or vial	Vial	小瓶
A or amp	Ample	安瓶
B	Bottle	瓶
D/W	Dextrose in water	葡萄糖液
D5W	5%dextrose in water	5% 葡萄糖液
DW	Distilled water	蒸馏水
gran	Granules	颗粒
mas	Maximum dose	最大剂量
min	Minimum dose	最小剂量
oint	Ointment	软膏
prn	As needed	必要时使用
soln	Solution	溶液（济）
susp	Suspension	悬浊液
Tx	Treatment	治疗

*** 处 方 ***

处方日期 2007年5月25日

病历号：###25#36

动物主人姓名：山田 太郎　　宠物名 乖乖

体重：10.5kg

①阿莫西林　50mg/tab [约10mg/（kg·次）]
　　　　2tab bid PO 7天量

②安太乐　10mg/tab [约1mg/（kg·次）]
　　　　1tab bid　7天量

③泼尼松　5mg/tab [约0.5mg/（kg·次）]
　　　　1tab eod（早上）　PO　4次量

④托巴龙　7.5g/1支
　　　　1日2次少量涂抹于患部

处方兽医师姓名：竹内 和义　　印章

调 剂 者 姓 名：关口 美花　　印章

　　　　　　　　○○○○动物医院

图 18-2-1　处方例 1

*** 处 方 ***

处方日期 2007年5月25日

病历号：###25#36

动物主人姓名：山田 太郎　　宠物名 宝宝

体　重：5.2kg

①速尿　20mg/t [约1mg/（kg·次）]
　　　　1/4tab bid PO　14天量
　　　　注意）避光保存（见光后变色）

②地高辛奎宁　0.05mg/ml
　　　　作为0.008mg/kg bid, 0.83ml, bid PO　7天量
　　　　注意）请在30ml的塑料瓶中盛25ml，（实际量为23.24ml）。
　　　　并随药添加1ml微量注射器1支，在0.83ml处标上记号
　　　　后交给动物主人。将塑料瓶包上锡纸以便避光保存。

③比茂宾坦　1.25mg/cap [约0.24mg/（kg·次）]
　　　　1cap bid PO　（实际剂量约0.24mg/kg bid PO）
　　　　注意）避光保存

处方兽医师姓名：竹内 和义　　印章

调 剂 者 姓 名：关口 美花　　印章

　　　　　　　　○○○○动物医院

图 18-2-2　处方例 2

的人体用药数据。举例来讲，药物的①～③是人用的药物，④是动物的外用药。

一般兽医师对动物进行检查、诊断后，在病例中计入各项内容的同时，书写用药处方，以便交给动物主人。在此以书写专用处方为例进行说明。

处方①是称为阿莫西林的青霉素类抗生素，商品名为阿莫西林。以该药为例书写的处方，在阿莫西林中分为小儿用的一片为 50 mg 剂型和大人用的一片为 250 mg 的两种剂型。

所以，像例子所示，书写方式如果不标明 50 mg/t(t 是 tab，意思是片剂，叫作每片 50 mg）的话，很容易给药时发出 250 mg 的阿莫西林，因此，有必要予以注意。因此，在①的处方中将 5% 的阿莫西林片剂记为 2 tab bid PO 七日量，意思为一次两片，一日两次，分七天服用，一共发出 28 片的 50 mg 的阿莫西林。

处方②的安太乐，是抗过敏的精神安定类药物，称为盐酸羟嗪。作为过敏性皮炎的辅助治疗药物，特别是作为减少肾上腺皮质激素类药物的用量而配伍使用的。1 mg/（kg·次）（读作每毫克、每千克体重、每次），意思是每次的投药量是每 1kg 体重给药 1 mg，处方中记为"1tab bid 7 日量"，意思为 1 日两片，7 天量，要准备共计 14 片每片中含有 10mg 的安太乐。安太乐也分为 10 mg/t 和 25 mg/t 两种剂型，因此和①一样，也要予以注意。

处方③表示为 5 mg/t 的泼尼松，用法为隔日早晨服用(记为 eod)。该种药在狗早晨服用，在猫晚上服用，可以减轻副作用，因此，有必要规定像这样的用药时间段。

处方④为外用药，而且是动物专用药。外用药一般用外用药专用袋包装（参考图 18-3-1，图 18-3-2）。

（2）处方例 2

然后，介绍一下稍微复杂的处方例子。在处方例 2（图 18-2-2），假定为体重 25kg 的西施犬，患有慢性的二尖瓣闭锁不全症。二尖瓣闭锁不全在小型犬的老龄犬中发病率很高，是位于左心房和左心室之间的叫做二尖瓣的心脏瓣膜不能完全闭锁而引起的疾病，一般的临床症状为喘息、咳嗽和不愿意运动。

处方① 的速尿是含有呋喃苯氨酸的利尿剂，具

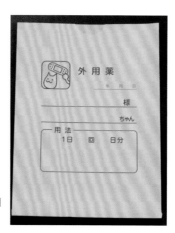

图 18-3-1 内服药袋例子。
要能够记载服用间隔、时期
（如饭前、饭后等）

图 18-3-2 外用药袋例子。
为了明确标识是外用药，改变
了药袋的形状。目的是绝不能
把内服药和外用药相混淆

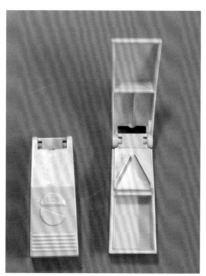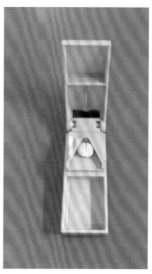

图 18-4 药片分割器。能简单地分割药片，是方便的工具

有将体内潴留的多余的水分以尿液的形式加速排出
体外的作用。如果是体重 5kg 的情况，使用人用药剂
量就太大了，故有必要分割服用。这里记载的 1/4 tad
bid PO 意思是把 1/4 片 1 日 2 次服用，14d 的药量，
要准备 20mg 每片的 7 片速尿。要注意，该药有 20mg
和 40mg 的两种剂型。与处方例 1 不同，不能原封不
动地将整片药直接交给动物主人，要把每片分成 4 等
份交给他。

还有，该药见光后有变质、变色的危险，故在转
交给动物主人时要强调避光保存（保存于没有光线的
场所）的必要性。切割药片时，使用专用工具（图 18-4）
或者专用剪刀（图 18-5）是很方便的。分割好的药片
通常用分包器（图 18-6）分别包装，或者是装入封口

调剂法的基础

图 18-5　分割药片的剪刀。需要熟练过程，熟练后操作很容易

图 18-6-1　分包器。用药匙均匀分开药粉

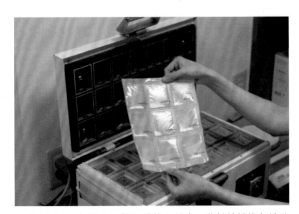

图 18-6-2　加热上下锡纸膜使之黏合，药粉就被均匀地分
包了

的塑料袋后交给动物主人。有些药片吸湿性很高，分割后会发生变质，此时不进行分割，原样交给动物主人，动物主人在家里自行分割。对于有吸湿性的药片，用非吸湿性的完全密封的锡纸膜包装的情况较多。另外，对于避光性的药剂，要装入褐色广口瓶。

　　处方②地高辛奎宁是治疗心功能不全的很早以前就用于临床的非常有效的药物。有液剂（液状的添加有甜味剂的便于服用的液体）和片剂。片剂的最小剂型是 0.125mg/t，在给小型犬服用时按照 0.008mg/（kg·次）给药，此时将小药片分割后给药是不可能的，又因为该药是用药剂量限制很严格的药品，在小型犬使用液体剂型就比较方便。地高辛奎宁的浓度为 1ml 中含有 0.05mg，对于 5.2kg 体重的犬，每千克给药 0.008mg，0.008 × 5.2=0.0416mg。在液体剂型中，1ml 中含有 0.05g 药物，因此，使用液体剂型时投药量为 0.0416 ÷ 0.05=0.83ml。

　　如果在处方上不像这个处方详细地标明了一次实

际给药量的话，调剂者要按照上述的方式进行计算。这个计算如果发生一个小数点的错误就有可能导致重大的事故，因此，调制负责人必须十分熟练地掌握这种换算方法。另外，在调剂过程中，装液体的容器或者给药用具是必需的，在保存方式上也有必要采取比片剂更严格的保管措施。地高辛奎宁和速尿相同，需避光保存，因此，在塑料瓶外面要包上锡纸膜避光（图18-7）。

在本院，准备了 30~100ml 的塑料瓶（图18-8），将液体药物装入这种塑料瓶，在用药剂量十分严格时，使用注射器，并在注射器上标注 1 次用量的记号等，连同注射器一起交给实施给药者。在每次用量不太严格的情况，可使用带有标签的塑料瓶。

处方③有一种最新治疗心功能不全的药物，称为比茂宾坦。1cap bid PO 的含义是 1 次服用 1g 胶囊，1 日 2 次，口服。这种药物只有胶囊剂型，体重约 5kg 的狗使用这种胶囊正合适，如果体重是 2.5kg 的话，就有必要把胶囊分解开，将其中的药粉根据体重进行分开使用（图18-9）。

同样的，将片剂粉碎分包方法，在小动物临床上也经常用到（图18-10-1~ 图18-10-4）。通常，用药匙将粉剂分开包装。

为了不出错

不许在调剂中出现错误。在这个世界上很难做到100% 不出错，不过调剂工作是需要谨慎小心，尽量避免出错的工作。心脏病用处方例2等是典型的例子，地高辛奎宁用量的计算如果发生 1 个小数点的错误，就有可能引起死亡事故。相比考虑如何应对发生错误，不如考虑防患于未然的工作方法，这是在日常工作中应该做到的。

例如，调剂完成后必须请第三者进行确认，对于用量复杂的药物或者像抗癌药副作用发生率较高的药品，在计算用量时必须双人操作，两个人计算结果相同之后再开始调制。对于日常经常调制的药品，比较容易发现调制上的错误，对于不太经常调制的药物即使用量出现了错误也不容易发现，因此，需要慎重地计算。这是关乎动物医院信誉的重要操作，因此，一定要注意尽量避免出现错误。

图 18-7　为了避光，将塑料瓶周围包上锡纸膜

图 18-8　各种塑料瓶。用于装液体药物。最右边的塑料瓶带塑料吸管

图 18-9　能够分开胶囊，也可以再分成小的剂量

图 18-10-1　左侧是研磨棒，右侧是乳钵

图 18-10-2　将药片用研磨棒研碎

图 18-10-3　用毛刷将药粉收集起来

当发现调剂错误时应立即纠正，即使药物已经发给了动物主人，也应想办法尽快取回，变更。另外，对于定期发出相同药物的情况，当把药物交给畜主时，一定将药袋中的所有药物倒出来，注意确认颜色或者形状，以及数量等是否和以往的情况相同，这样可以避免出错。

竹内和义（竹内动物医院）

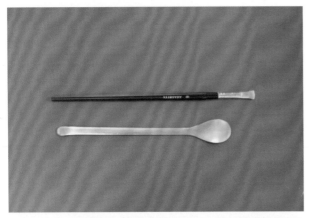

图 18-10-4　图上面是将绘画笔的毛切短后成为乳钵用的毛刷。图下是药匙，分装药粉时使用药匙均等分包（参考图 18-6）

2013 年　　最新畅销小动物图书

《小动物皮肤病诊疗典型案例》

《犬猫血液学图谱》

《伴侣动物看护学》

《小动物肿瘤诊断与治疗技术》

《犬猫耳病彩色图谱》

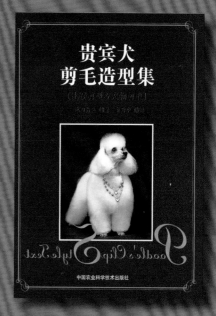

《贵宾犬剪毛造型集》

建议

　　以每天护理的方式进行食疗，以疾病的预防和治疗为目的进行的营养保健和健康维持称为营养管理。记录食物的内容和饲喂方法，摄取量、摄取的能量，有必要根据体重的增减情况调整饲喂量。另外，对于动物主人来讲，采用喂食的方法是件感到很安全和高兴的事情，因此，食疗是具有和治疗疾病几乎同等重要性的一种调理方法。

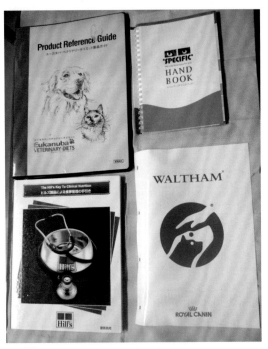

图 19-1　主要生产厂家的食疗食品目录

备品

● hill's 犬猫体重管理方案（BCS）（参考本章末的表）
● 食疗法目录: 从食疗食物生产厂家索取（图 19-1）
● 饲喂的食疗食物以及食材
● 计算器、台秤、搅拌器、计量杯（图 19-2）
● 饲喂用注射器（图 19-3）

器具一览表（图 19-1，图 19-2）

● 食盘（图 19-4）
● 罐头、营养食品等食疗食材
● 高营养、高能量食物（图 19-5）
● 计算器、台秤、搅拌器、计量杯（图 19-2）
● 饲喂用注射器（图 19-3）

执业兽医师临床技术 第 1 集

第 27 章食疗法（内田惠子）有详细的体重管理说明，动物医院护士也可以参考，请一定看一看。

图 19-2　调理用粉碎搅拌机和称重用台秤以及计量杯

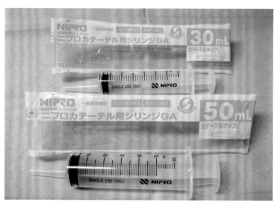

图 19-3　经口饲喂时或者从罐装中取出食物时使用的注射器

图 19-4　食盘样本

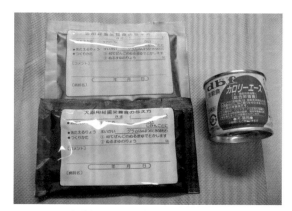

图 19-5　高营养，高能量食物的样本

图 19-6　放上少量的营养食品或者罐头，观察食欲和嗜好的试验样本

技术顺序

1. 观察自主采食情况

（1）观察食欲和嗜好

为了观察动物的食欲和嗜好，将 5 粒左右的食疗食物和两三种罐头，分别少量放在食盘里观察采食情况（图 19-6）。如果发现哪种食物首先被吃掉了，可将这种食物分成小份，逐渐少量地增加饲喂量。

同时增加采食次数，尽量保证每天饲喂规定的摄取量。

（2）对于老龄犬和老龄猫

对于老龄犬或老龄猫及患颈椎、脊椎疾病的动物们，可以适当抬高食盘的位置以方便动物采食（图 19-7）。

（3）其他能够想到的办法

● 可以试着加入水或者鸡肉，或者牛肉汤诱食。

● 在食盘里分别放置食物进行观察。

图 19-7　把两个食盘底部重合起来以抬高食盘的位置方便采食

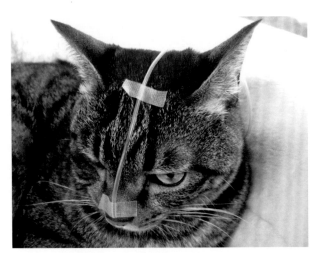

图 19-8　经鼻插入食道导管的猫

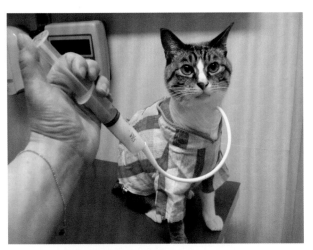

图 19-9　经食管导管投喂的景象

图 19-10　经胃导管投喂的景象

● 将饮水也事先放置几个地方，以便观察放置新鲜饮水后的情况。

● 将罐头取出放进食盘形成小堆的样子，或者小球的样子，有各种各样的饲喂方法。

2. 在没有自主采食意愿时

进行经口饲喂或者用导管进行鼻饲（图 19-8），或使用食管导管（图 19-9）或胃导管（图 19-10）进行饲喂。

（1）经口饲喂

在经口饲喂方法有两种方法，一种是将罐头或营养食品直接投入口里的方法（图 19-11），另一种是将食物做成流食用注射器进行饲喂的方法（图 19-12）。

①罐头或者营养食品

向口中投入的方法是把住上颌骨，将头面部稍稍抬起，当口腔打开时将小球状的罐头放入口腔里面的咽部，进行饲喂。

也有不喜欢罐头的动物。另外也有动物在罐头做成太大的球状时，不能顺利地咽下去的情况。此时用同样的方法将营养食品送入口中，观察采食状态。

营养食品具有以下优点，含有能量较高，饲喂方便，而且饲喂时不会弄脏手指，不过相比罐头而言水分的摄入量较少，因此，饲喂后要另外饮水。

②肠道营养等流食（使用注射器）

饲喂前应事先将肠道营养品或者营养食品用搅拌机做成流食，灌入注射器。

将头部稍稍扬起，用注射器将流食注入口中。注射器的注入位置：从口角注入（图 19-13）；从臼齿和犬齿之间注入；从中部（切齿附近）注入（图 19-14），要找到动物容易接受，而且顺利吞咽的注入位置，投入流食。

一次给量太多的话流食会从口角流出，不能顺利吞咽，因此，应少量多次注入，当确认已经吞咽后再将抬高的头部低下来，轻轻抚摸下巴以及眼睛上面，以形成亲切友好的氛围。

如果不能自行吞咽会引起误咽，因此，当发现这种倾向时，要立刻终止投喂。

③肠道营养食品等流食（人工饲喂）

将肠道营养食品用多量的热水溶解后就成了液体

图 19-11　把住上颌骨抬高脸部并保持这种姿势，进行饲喂

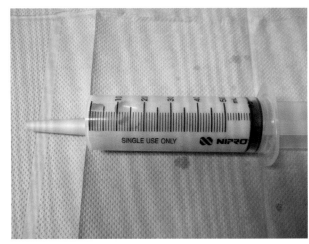

图 19-12　将罐头用搅拌机搅拌成流食

图 19-13　从口角插入注射器，注入流食

图 19-14　在门齿中央插入注射器，注入流食

 我的劝告

→在使用注射器投喂时，将罐头 + 水分 + 肠道营养食品一起经搅拌机搅拌均匀，可以达到少量进食而满足必要的能量需求，而且在投喂时不会污染手指，这也是这种方法的一个优点。

→由于动物的啃咬注射器的枪头会被咬烂，有时会伤及口腔黏膜，可以剪一段红胶管装在注射器的前端，因为它柔软而且有韧性，可以在抵抗啃咬的同时很方便地注入流食（图 19-15）。

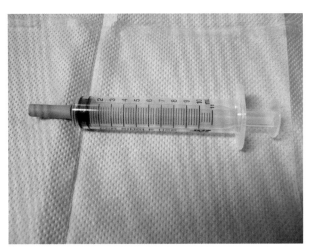

图 19-15　将注射器前端套上红胶管形成的投食用注射器

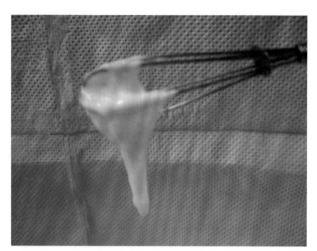

图 19-16　将肠营养食物变成糊状的食品

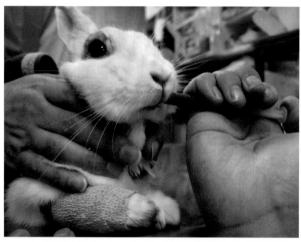

图 19-17　用毛巾将兔子身体卷起来进行保定，在此状态下投喂

状的流食，用少量的热水溶解后就变成糊状的流食。将糊状的肠道营养食物用食指也可以饲喂，也有这样的饲喂方法，可将糊状流食涂抹到上腭或者鼻子下部，任其自由舔食。

（2）经鼻食管插管投喂

一般这种插管可以保留几天或是几周时间。由于导管细，因此，只能限定饲喂肠道营养等的液体流食。

（3）经食管插管投喂

关于经食管插管投喂，请参照图19-9的照片进行。

（4）经胃导管投喂（图19-10）

虽然导管的种类不同情况有所差异，不过一般可将胃导管留置几周或者一年左右的时间。设置胃导管时需要在麻醉下进行。食道插管、胃导管都可以将食疗食物用搅拌机搅拌软化后进行投喂。而且操作时间很短，可以在不造成动物应激的状态下进行饲喂。

 投喂流食之前

为了确认导管插入是否正确，可注入 3~15ml 的食物或者蒸馏水，确认动物不出现咳嗽情况后再开始投喂流食。
※ 将使用的导管内充满水然后测量水量。因为每个导管都有自己的容量，因此，更容易掌握饲喂量，十分方便。

 饮水的重要性

人们经常说对于肾病患者有必要充分饮水，在兔子等小动物或者其他疾病场合，特别是对于心脏病的动物也要记录饮水量，这是重要的事情。
对于犬，可将营养食品用温水溶解进行投喂，这样可以同时摄入水分，可是对于猫如果大量饮水是很可怕的事情。也有喜欢温水的动物。也有喜欢从水龙头流出的自来水的动物。也有喜欢浴缸里的水的动物，因此，希望观察动物喜欢的饮水方法进行饮水。

3. 对特殊动物的操作方法

（1）哺乳中的小狗、小猫

对于能够自己哺乳的小狗、小猫可以用哺乳瓶哺

图 19-18 食管扩张症时的立位给食情况

技术要领、要点

● 为了观察动物的嗜好和有无食欲，请给予几种食物进行观察（图 19-6）。

● 为了使动物不发生呕吐，建议少量多次饲喂。

● 请想些诸如改变食物种类，给罐头加热等方法。

● 为了不给动物造成应激或恐惧心理，应考虑一次投喂时间不能太长。

● 投喂后，为了缓和气氛，请抚摸动物的下巴或者眼睛周围。

向兽医师报告的要点

● 发现了食欲低下情况立刻报告。

● 报告能够摄取的食物内容、摄取量、摄入的能量。

● 发现呕吐或下痢情况立刻报告。

● 发现下巴或口腔周围的皮肤松弛，要报告所看到的情况。

● 用导管投喂，当流食不能顺利通过导管时要立即报告。

乳的方法进行饲喂，对于不能哺乳的小动物可用导管进行饲喂。此时为了不发生误咽，要缓慢饲喂，哺乳后有必要使其打嗝。

（2）老龄犬、老龄猫

由于身体僵硬，不容易自由地采食，因此，建议将食盘位置抬高进行饲喂（图 19-7）。

另外，在老龄犬的场合，可见到即使采食也不能将食物送进咽喉里面的情况。请确认确实进行了采食并吞咽了食物，并且已经彻底吃完了食盘中的食物。

（3）兔子的经口投喂

把兔子用的食盘用热水煮沸消毒，用注射器投喂。关于投喂姿势，可以采用抬高头部或者用毛巾包裹身体的姿势投喂（图 19-17）。

（4）食管扩张症

对于食管扩张症的动物，要采取立位投喂方式（图 19-18）。

对于不能自行采食的小动物，要将其装进水桶，为了使其不乱动可将水桶里边垫上毛巾，使其保持立位姿势进行投喂。

4. 总结

进行适当的食疗是治疗疾病的基础。虽然费时费力，可是也要适时掌握每个动物的反应，针对其反应采取投喂方法，与好的治疗效果相连。我想动物主人也要同样怀有爱心进行此项操作。

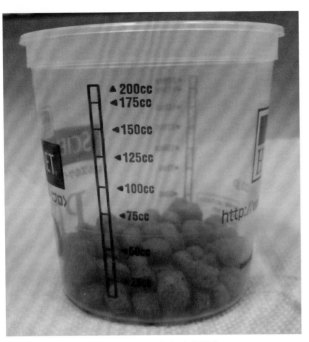

图 19-19　交给饲喂动物主人的营养食物样本

  误咽或者呕吐

→发生误咽或者呕吐之后，有时体态会发生剧烈变化，因此，根据实际情况，观察动物的状态进行投喂时非常重要的。

---

to family　向动物主人传达的要点

● 告诉动物主人，要考虑食盘的种类和大小，要想办法为了方便动物采食而适当放置食物。
● 请告诉畜主要经常变换食物种类，或者加热罐头。
● 少量多次投喂为好。
● 为了容易掌握饲喂量，将称好的食物装入塑料袋或计量杯，请动物主人带回，并说明以后按照这个量饲喂（图 19-19）。

为了不出错

当经口投喂发生呕吐时，在当日不要再勉强投喂动物，在屋里只放置食物，进行仔细观察。如果不出现继续呕吐征兆时，建议用少量液体经肠道营养途径进行投喂。投喂后如果不发生呕吐，可以稍稍加量投喂。投喂时要想办法使动物不表现出摇头，下颚偏向一侧等讨厌情绪，重要的是在非应激状态下进行投喂。

由于呕吐发生误咽时，有时可引起继发性误咽性肺炎。在进行 X 光检查或者使用抗生素、消炎药之外，在留置导管的部位有可能发生感染，要经常更换留置部位的绷带。投喂时一定少量饲喂，确认导管是否确实插入了是非常重要的事情。

竹中惠子
（赤坂动物医院，JAHA 认定的 1 级动物医院护士）

表 hill's 体重管理（BCS）5 阶段表

狗体重管理（BCS）标准

BCS	1	2	3	4	5
	消瘦	体重不足	理想体重	体重过剩	肥胖
% 理想体重	≤ 85	86~94	95~106	107~122	123 ≤
% 体脂肪	≤ 5	6~14	15~24	25~34	35 ≤
肋骨	没有脂肪，容易触摸	有较薄的脂肪，容易触摸	有一些脂肪，可以触摸	有中度脂肪，触摸困难	脂肪较厚，触摸非常困难
腰部	没有皮下脂肪，露出骨骼构造	有少量皮下脂肪，露出骨骼	外观呈较胖的轮廓或者腰部有肉感，在较薄的皮下脂肪下可触摸到骨骼构造	外观呈较胖的轮廓或者腰部有肉感，用力触摸才能感知骨骼构造	肉感明显，很难摸到骨骼
腹部	腹部严重塌陷，呈计时沙漏形	腹部凹陷，呈沙漏形	腹部凹陷，有适度的腹围	几乎或完全没有腹部凹陷或腹壁皱褶，从背侧观可见稍微横向突出状态	腹部鼓胀下垂，背侧观呈显著的膨胀状态，脊柱两侧向上凸起，形成脊背沟槽

猫体重管理（BCS）标准

BCS	1	2	3	4	5
	消瘦	体重不足	理想体重	体重过剩	肥胖
% 理想体重	≤ 85	86~94	95~106	107~122	123 ≤
% 体脂肪	≤ 5	6~14	15~24	25~34	35 ≤
肋骨	没有脂肪，容易触摸	有较薄的脂肪，容易触摸	有一些脂肪，可以触摸	有中度脂肪，触摸困难	脂肪较厚，触摸非常困难
骨骼隆起	容易触摸	容易触摸	——	——	——
腹部	腹部严重塌陷	腹壁有褶皱，有较薄的脂肪，可以触摸	有适当的肋骨痕迹，在腹部覆盖有较薄的脂肪	完全或几乎没有肋骨痕迹，腹部被呈带状的中度脂肪覆盖	由于过度沉积脂肪，腰部没有皱褶。有时在腰部、头部或者四肢沉积脂肪

（取自亚洲太平洋株式会社日本支社资料）

急诊时的应对

建议

在本章，对急诊时的应对，特别是心肺停止时的应对进行说明。在动物心肺停止时，动物医院护士不要惊慌，冷静地作为兽医师的助手开展救治工作。在心肺停止时为了迅速实施 ABCD，即（A）保证气管通畅，（B）人工呼吸，（C）心脏按摩，（D）使用药物。对有关动物医院护士应做的支持工作和管理工作进行说明。

图 20-1 急救专用箱和急救药盒。为了在急诊时能够迅速应对，对箱内的器材、药品要进行日常检查和整理，因此，急救药的在库管理是动物医院护士的重要工作

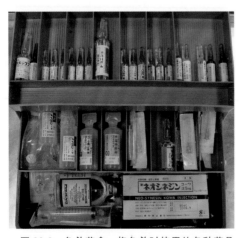

图 20-2 急救药盒。将急救时使用的各种药品放入盒中，进行整理和收纳

备品

- 保证气管通常的必要器材
- 人工呼吸机（麻醉机）
- 急救包（要常备）
- 留置和输液器材及药品
- 管理所必需的器材
- 除颤设备
- 吸引器

器具一览表

- 保证气管通畅的必要器材

喉镜，各种气管插管，开口器，局麻喷雾罐，套管针，固定气管插管的胶带，氧气，手动气囊。

- 人工呼吸机（麻醉机）

人工呼吸专用的器械，也有和麻醉机一体化的人工呼吸机。在没有人工呼吸机的场合，可使用手动气囊。

- 急救包或者急救箱（图 20-1、图 20-2）

在急救包内要准备各种药品，气管插管，各种可调式注射器或者注射针，吸引导管，胸腔穿刺针等。对急救包内物品进行日常检查和补充是重要的。

● 急救包内的药品

阿托品，静脉用利多卡因，肾上腺素等。

盐酸多巴胺，盐酸多巴酚丁胺，速尿，盐酸苯肾上腺素，高渗葡萄糖液，钾制剂，钠制剂，抗利尿激素制剂等要常备，在发生心肺停止的时候，能立即使用。

● 留置和输液器材及药品

14~24G的各种留置针和输液器材，输液药品包括：乳酸林格尔液，醋酸林格尔，5% 葡萄糖，开始输液用药（不含 K 的输液剂）等。

● 管理所必需的器材

心电图机，非观血血压测定仪，脉冲血氧计，体温计，换气计量仪。

● 除颤设备

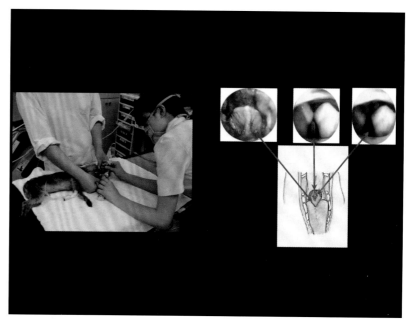

图 20-3　气管导管插入法。关于气管插管，要选择适合动物体型的气管导管，助手最大限度打开口腔，平直拉出舌头。进行插管的兽医或者护士，一手拿着喉镜，另一只手拿着气管导管。用喉镜的前将舌的里端向下压，确认喉头。当不能确认勺状软骨时，用气管导管的前端将勺状软骨牵引至前部腹侧，在直视喉头的状态下插管。气管插管要插至颈部的中央位置，然后膨胀气管插管的外侧包囊

技术顺序

1. 保证气管畅通和心脏按摩

陷入心肺停止状态的患者，第一要确保气管畅通（气管内插入气导管），进行人工呼吸的同时有必要迅速实施静脉注射，心脏按摩。迅速操作，希望能争取到一秒的时间，作为急救护士，为了熟练掌握急救时的操作技术，有必要进行日常训练。

关于气管插管，平直拉出舌头，用喉镜将喉部压向腹侧（下颌侧），此时可见到勺状软骨，在目视下进行插管（图 20-3）。一般地，为了使兽医师能够迅速地畅通气管以及进行血管留置针操作，进行必要的准备工作，在兽医师畅通气道期间，有必要实施心脏按摩。

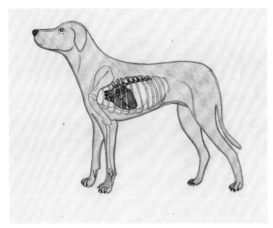

图 20-4 机体和心脏位置。心脏的位置（心脏按摩的地方），将肘关节弯曲成直角时，位于肘头部位的胸部，位于肩胛骨的后方胸部中央的腹侧

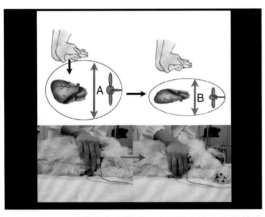

图 20-5 心脏按摩力的增减。本图为心脏和胸部按摩模式图。左图为压迫前情况，右图为压迫后状况。在大型犬可用双手按摩心脏，在小型犬可用双手挤压胸部进行按摩。从非按摩状态的 A 到压迫状态的 B，心脏被压扁 70% 左右的状况是理想的心脏按摩增减的力度

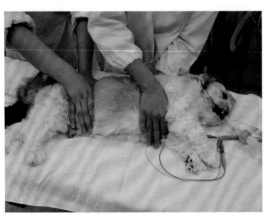

图 20-6 压迫腹部

心脏按摩的部位是，将肘关节屈曲 90°，肘头指向的胸部位置（图 20-4）。以 1min80~120 次的频率进行按摩。关于心脏按摩（胸部）的强度，可按照将胸部整个厚度压缩 7 成左右的程度掌握（图 20-5）。

在小型犬或者猫的场合，也可以用双手夹住两侧胸壁进行对向压迫。在心脏按摩中间，通过按压腹部的方法，可将胸部的循环血量更多地向头部运送。兽医师或者动物医院护士在进行心脏按摩时，进行腹部按压会取得好的效果（图 20-6）。在畅通气管和完成留置针后开始输液，也可进行人工呼吸。

关于人工呼吸，将气管内压力维持在 15~20cmHg，每分钟进行 12~20 次。这项操作也可以使用人工呼吸机设定进行，也可以用手压气囊的方式进行人工呼吸。

在进行心脏按摩，当按压胸部（压迫胸部）时，不要鼓胀人工呼吸气囊，这样操作比较安全，进行心脏按摩的兽医师或者动物医院护士相互配合，心脏按摩 10 次进行 1 次人工呼吸。护士从急救包中取出药品，做好准备以便可以随时用药。在心脏复苏时经常使用的肾上腺素，要进行 10 倍稀释备用。

所谓 10 倍稀释是将肾上腺素液 1ml 加入 9ml 生理盐水（图 20-7）。在进行紧急抢救时处于紧迫状态，有时不会准确提出或理解 10 倍稀释，因此，平时必须将 10 倍稀释的方法熟练掌握，以备紧急时能够熟练操作。另外，在心肺复苏时经常会有液体从气管导管中流出来，有必要使用吸引器等将气管导管内的液体吸出。

为此，将心肺复苏的流程用简单的模式图表示出来（图 20-8）。

2. 监控的重要性

在心肺复苏时，对机体信息的监控是重要的。关于监控仪的使用方法，在日常手术中已经经常操作，因此，本章讲述如何正确理解监控内容。图 20-9 为本院使用的监控设备。同样的设备在其他医院也有，因此，重要的是理解各种数值具有何种意义，正常值和异常值。

多数的监控仪能够监控以下指标：氧饱和度（SpO_2），非观血测量血压（NIBP），体温（Temp），

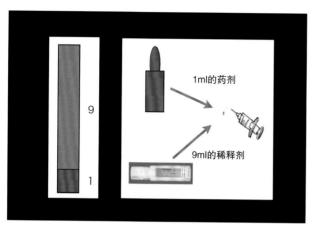

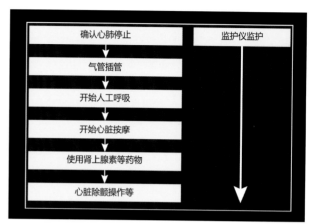

图 20-7　10 倍稀释。左图表示的是将注射液进行 10 倍稀释的情况，在原液 1 份中加入 9 份稀释液之后成为 10 份的液体，请注意如果将一份原液加入 10 份稀释液的话，就成了 11 份的液体。该图表示的是用注射器从安瓿中吸出 1ml 注射液，在其中吸引加入 9ml 生理盐水就成为 10ml，以此完成了 10 倍稀释

图 20-8　对于心肺停止的患者进行心肺复苏的流程图

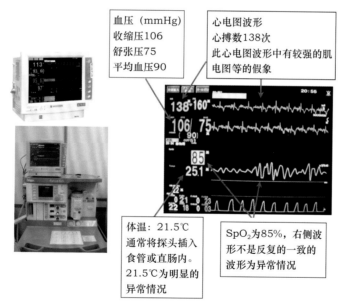

图 20-9　本院使用的监控设备和在监控设备上显示数值的说明本院使用的是日本光电（株）生产的动物用监控仪。通常麻醉时的监控是它的主要用途，一般和麻醉机组合在一起。麻醉机上装有有关呼吸的监控设备，右图为监控仪的画面

表　动物医院护士用急救监控表

项目	同义词	数值意义	参考标准值	异常值的含义	备考
动脉血氧饱和度（SpO₂）	动脉血氧分压	在动脉里流动的血液中氧气含量	95%~100%	90% 以下时以为是低氧血症。氧气不足，是关乎生命的异常显现，心肺停止时，该数值显著降低	
血压（NIBP）		从心脏向全身输送血液时的血管压力	平均血压为 80mmHg 以上	血压高时，可考虑输液过量等因素，血压过低意味着心脏动力减弱，在出血等危及生命的严重情况下多见。心肺停止时测不出血压。心脏按摩有效时大动脉等的末梢血管会出现波动	所谓非观血测量血压是用腕部套袖法进行测定，观血测量血压是在血管内插入导管测量血压方法
体温（Temp）		身体内的温度	37~38.5℃	体温低或者高都会危及生命。心肺停止时体温降低	手术时体温下降会延长麻醉的苏醒时间，也会增加麻醉的危险程度。另外，有一种叫做恶性高热的疾病，是指麻醉时由于体温过高导致的死亡
呼气二氧化碳浓度（ETCO₂）	终末呼气二氧化碳分压	在呼吸和血液循环正常时能否在肺部进行气体交换	35~45mmHg	ETCO2 增加意味着不能换气或者吸入麻醉机的二氧化碳吸附颗粒老化。减少时可见过度换气或者体温降低，心脏停止时。在心肺停止时 ETCO2 显著减少	
心电图（ECG）		心脏功能正常吗		不整脉，心脏肥大，氧气不足，心脏泵血机能异常等情况可用波形的高度，频率以及间隔时间判断。在心肺停止时，经常见到心室颤动情况	心电图的解析对于兽医师也非易事。请在网上相关网站查询有关内容，心电图的模拟训练设备能演示各种心电图。自己可设定不整脉的波形进行学习。也有简单解说多种心电图波形的专业书请参考
脉搏（HR）	心跳数	1min 心脏的搏动数	犬：70~140 次 猫：100~200 次	麻醉深度过深时心跳数减少。心脏停止时，心跳数为 0	心电图机可自动测定心搏数，有时会出现由于心电图波形而显示错误的设定值，有必要引起注意
呼吸数		1min 的呼吸次数	犬：20~30 次 猫：20~40 次	表示是否进行呼吸。所谓心肺停止是指心脏和呼吸都出现停止状态	用人工呼吸机可以设定呼吸次数。原则上气管内的压力为 15~20mmHg 以下进行人工呼吸。在胸水等情况下也可以稍微提高气管内压力。在肺水肿等情况下使用称为 Peep 的人工呼吸机的功能，也可以在肺呼吸时将肺稍加扩张

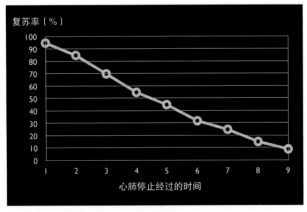

图 20-10　心肺停止经过时间和复苏率
随着心肺停止时间的推移，复苏率降低。这是人的数据，在动物可以预想的是复苏率更加低下

呼气二氧化碳浓度（ETCO₂），心电图波形，脉搏（HR），呼吸数。

在表中列出了各项指标的参考标准值（参考正常值），以及观察什么，出现异常意味着什么，对这些问题进行概括说明。

关于监控仪，销售监控仪厂家准备了简单的监控方法说明书，在心脏按摩进行中，通过助手按压腹部，是将心脏的血液尽可能多的向脑部供应的一项技术。请参考（例如，日本光电《小动物监控设备使用说明书》主编，若尾义，人麻布大学教授）。

陷入心肺停止状态，必须进行紧急适当的处置。图 20-10 表示的是，心肺停止后经过的时间和苏醒率。必须争分夺秒进行心肺复苏工作，这意味着时间经过太长心肺就不能复苏。日常要加强训练，以便到时候能够进行忙而不乱的处置和准备工作。

最后，在动物从心肺停止状态苏醒过来的成功率很低，因此，重点是尽量采取措施不让心脏停止跳动。

在麻醉时通过各种监控数据，在心肺停止前进行预处置是重要的。另外，重度身体机能下降的病例，在呕吐时也有发生心跳停止的情况。

应立即将口中堵塞的呕吐物清除出去，采取心肺复苏处置手段以及注射阿托品是有效的。这些处置能否在 1~2min 内实施，对复苏率影响很大。特别是在急诊时，有关人员不能惊慌失措，必须迅速采取应对措施。

入江充洋（入江动物医院）

 技术要领、要点

- 心肺停止时迅速转告兽医师。
- 作为动物医院护士重要的是冷静处置，要紧张有序地开展工作。
- 要做畅通气道的准备工作。
- 要进行各种检测设备的安装和监视。
- 要辅助进行心脏按摩和人工呼吸。
- 保证血管可用并进行输液。

 向兽医师报告的要点

- 尽快报告心肺停止情况。
- 简要说明何时，何地，做了什么，出现了何种情况。
- 随时报告监测数值。
- 如果可能的话只报告异常数值。

 向动物主人传达的要点

- 传达动物陷入了心肺停止状态。
- 在几分钟内不能复苏时，要传达可能发生死亡的情况。
- 要传达"现在兽医师正在尽全力抢救，请安定下来，兽医师会报告详细情况"。
- 有时动物主人会出现动摇情况，此时也可以不和动物主人进行交流。

决定输血

建议

输血是最贴近身体的脏器移植。脏器移植治疗不只是对于免疫反应或者感染，对缓解移植后的副作用等有很多重要作用，同时，脏器移植治疗也有很多缺点。因此，在输血的场合也一样，判断为相比副作用，治疗效果是主要的而选择的治疗方法。为了使副作用最小化，在治疗开始时进行确切的检查，和在输血中的监控，以及在输血后对受血动物的观察都是非常重要的。

图 21-1 接待室募集在献血展示板上准备登录的登录犬、登录猫

图 21-2 在接待室展示献血的实际情况

技术顺序

1. 基本知识

①输血的适应症有

贫血（多量寄生虫，交通事故等造成的大出血，自身免疫性疾病，肿瘤性疾病，慢性炎症，慢性失血等），凝血障碍（血友病，DIC，血小板减少症等），低蛋白血症（重度肠炎，吸收不良症候群，蛋白排出性肠炎，营养不良，饥饿，重度肝功能不全），在病毒性疾病时作为补充抗体、补充营养的手段（细小病毒感染等）等。关于使用的血液制剂，应根据诊断、检查结果，尽可能选择最适合的血液制品，因此，主管兽医要认真地加以确认。

另外为寻求动物主人的理解，建议将献血情况登录在院内献血揭示板上，展示献血的实际情况（图21-1，图21-2）。

②输血用血的分类

● 新鲜全血（fresh whole blood，FWB），采血后8h以内的血液。

● 保存的全血（stored whole blood，SWB），采血后保存8h以上的血液。

● 高浓度红细胞 (concentrate red cells，CRC)，将全血进行4℃离心，采取的红细胞。

● 红细胞高浓度溶液 (concentrate red cells，CRC-MAP)，将全血进行4℃离心，在采取的红细胞内加入MAP液（添加红细胞保存液）。

● 新鲜冷冻血浆（fresh frozen plasma，FFP），将新鲜全血进行6h离心分离，冻存8h以内的血浆。※如果在采血容器内加入的抗凝剂是CPDA液时，冻存时间为8h，如果是ACD液，离心分离时间为6h以内。

● 冷冻血浆（frozen plasma，FP），将保存的全血离心分离采取的冷冻血浆。

2. 确认两项内容

在准备时要确认两项内容。在确认献血动物为健康动物前提下，准备安全输血用血液，以及确认接受输血的一方和输血者血液的适合性。

（1）献血动物的准备

进行献血动物的健康管理和认定。

①犬

犬瘟热抗原检测阴性，接种了5种混合疫苗以及狂犬病疫苗，至少每年进行一次CBC，血液化学检查（TP，Aib，Glu，ALT，ALP，BUN，Cre，TBiL，P），尿检查，粪便检查，并确认为正常。在血液涂片上未检出血液原虫（根据不同地区确认PCR阴性）。年龄在1~7岁，原则上体重在25kg以上（但是，体重在10kg以上时，只要调整采血量也可以献血）。

②猫

猫白血病病毒抗原检测阴性，猫免疫不全病毒抗原检测阴性，3种混合疫苗接种完毕，至少每年进行一次CBC、血液化学检查（TP，Aib，Glu，ALT，ALP，BUN，Cre，TBiL，P），尿检查，粪便检查且为正常。在血液涂片上未查出血液原虫，年龄在1~7岁，体重在4kg以上。

（2）献血前检查

关于献血动物的健康确认，通常进行一般身体检查，体重，体温，脉搏数，呼吸数检查及血液检查（血液涂片上未查出巴贝斯焦虫及血液原虫，PVC在犬为40%以上，在猫为30%以上，TP在5.5g/dl以上，1次采血量犬为10~20ml/kg，猫为10~10ml/kg。

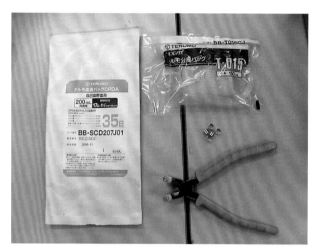

图21-3-1　采血袋和带轴钳子

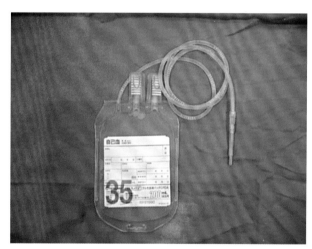

图21-3-2　采血袋

> **备品**
>
> ● 专用采血袋CPDA，200ml(28ml),400ml (56ml)（图21-3-1，图21-3-2）
> ● ACD-A液（制作于猫用采血针内使用）（图21-4）
> ● MAP液，60ml注射器泵，19~20g的翼状针，带轴钳子，金属锁扣，延长导管，专用夹子，计量秤，电动推子
> ● 酒精棉球（消毒用）
> ● 封口机，重量式采血装置（在有些场合）
> ● 根据需要准备麻醉药

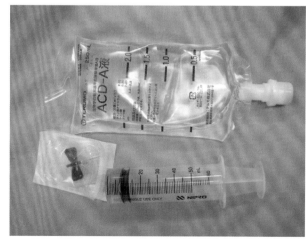

图21-4　猫采血用注射器

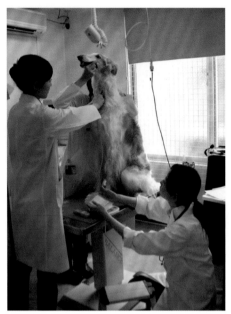

图 21-5　为了避免形成凝血块，用粗针头在颈部进行采血

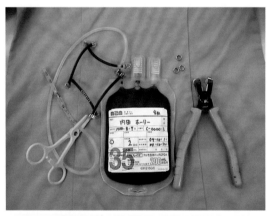

图 21-7　密封管

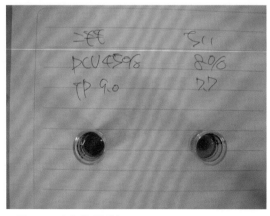

图 21-8　红细胞悬浮液

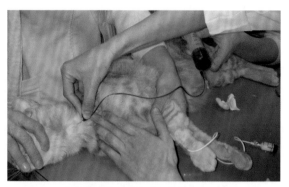

图 21-6　在麻醉状态下颈部采血的状态

3. 采血方法

①犬

在颈部剃毛，消毒。将采血袋置于采血部位下方约 60cm 处。准备计量称，将采血袋放在上面，将计量秤调到 0 位置。为了避免进入空气，用专用夹子夹上。将连接于采血袋的采血针刺入颈静脉后，放开专用夹子，进行重力式采血。在采血中为了将血液和保存液混合，有时需要将采血袋颠倒混合。

计量秤的刻度指向 200g（使用 400ml 的采血袋时应该是 400g）时，在采血管上夹上专用夹子，拔出针头，为了避免采血部位出血应进行确实的压迫止血。采血完成后，立即奖励给动物喜欢的食物，以便使动物对采血留下好的印象（图 21-5）。

②猫

根据必要采取镇静措施。对颈部进行剃毛，消毒。将 ACD-A 液 7ml 吸入到 60ml 的注射器内，在注射器装上 20G 或者 19G 的翼状针，直接刺入颈静脉进行采血。在采血中为了将血液和保存液混合应不时地转动注射器进行混合。

现在，对于猫采血的麻醉使用一种新的麻醉剂（布洛波尔）（图 21-6）。

4. 配型用密封管的制作

采血后，先将采血管内的血液注入采血袋内，颠倒混合。然后将采血袋内的血液倒流至导管内。用锁扣夹在导管的两个地方。如果有封口机也可以使用封口机闭合采血管。操作完成后从采血袋上切断采血管，再次测定含有抗凝剂的采血袋内血液的 PCV（图 21-7）。

5. 配型实验

备品

- 供体血液（供血方）5ml（EDTA 采血管）
- 受体血液（受血方）5ml（EDTA 采血管）
- 血细胞比容用毛细管（比容管），刻度板等
- 离心机，生理盐水，试管，移液器，载玻片，盖玻片，显微镜

配型实验技术

- 从受血动物以及供血动物采血（如果有配型用密封管可以使用），把两种血液分别注入 EDTA 试管。

- 测定受血方，供血方血液的 TP，PCV。

- 把两种血液分别离心 3min（转数为 2 000~3 000），分离血浆和细胞成分（主要是红细胞）。

- 小心地将两种血浆吸出放入样品杯。

- 将盛有红细胞的 EDTA 试管里加入生理盐水进行充分混合，离心 1min。弃上清再加入生理盐水。反复操作 3 次，洗涤红细胞。

- 重新准备两个样品杯，分别注入 0.5ml 生理盐水。

- 在样品杯里分别注入离心洗涤的红细胞 20 μl，混合，分别做成受血方和供血方红细胞悬浊液。

- 将供血方（原文为受血方，疑似错误，由译者改为供血方）和受血方的血浆各一滴分别滴加在载玻片的两端。

- 在受血方的血浆里滴加一滴供血方的红细胞悬浮液（主检查），在供血方的血浆里加入一滴受血方的红细胞悬浮液（副检查），在载玻片上进行混合（图 21-8）。

- 盖上盖玻片镜检，如果红细胞不凝集，配型合适（图 21-9）。以主检查为主。即使副检查配型合适，主检查可疑时，也要判定为配型不合适（图 21-10）。5min 后再度镜检确认。

- 在进行自身凝集实验时，在受血方的血浆里加入 1 滴受血方红细胞悬浊液；在供血方的血浆里加入 1 滴供血方红细胞悬浊液，镜检判定是否有凝集现象。

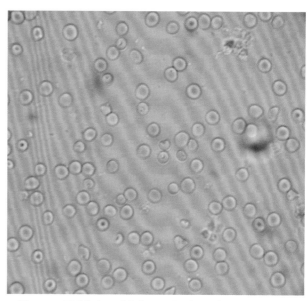

图 21-9　配型实验 1。非凝集，配型适合。观察到每个红细胞独立

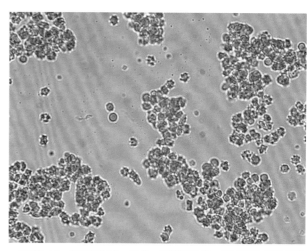

图 21-10　配型实验 2。凝集，配型不合适。观察到红细胞凝集块或形成连锁状

图 21-11　专用输血组合器具。使用时注满上部的过滤器

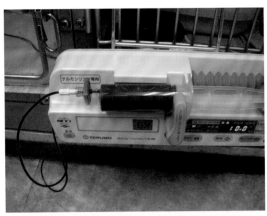

图 21-12　猫的输血组合器具，直接在注射器上加装输血用过滤器进行输血

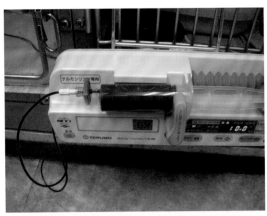

向兽医师报告的要点

● 做成献血动物的健康状态、记录献血情况的记录表，必要时做成一览表以便能够立刻进行报告。

● 采血时发生了凝血情况要立刻报告。

● 自己判定配型实验的标本后，一定请主管兽医再度确认。

● 开始输血后，观察受血动物，如果出现监控项目异常情况立刻报告。

6. 输血量的计算

输血量

● 犬

$$\frac{患者的体重（Kg）×90×（希望的 PCV– 患者的 PCV）}{供血动物的 PCV}$$

● 猫

$$\frac{患者的体重（Kg）×70×（希望的 PCV– 患者的 PCV）}{供血动物的 PCV}$$

原则上 22ml/（kg·d）为最大允许输血量。

简易计算法……供血动物的 PCV 是 40%~42% 时，2ml/kg（患者体重）的输血量，可使 PCV 上升 1%。

7. 输血的准备和输血

备品

● 将配型实验合适的血液计算出需要的输血量
● 输液器（输血用泵）
● 静脉留置针用具 1 套
● 输液泵用输血器具组合（图 21-11）
● 输血用过滤器（图 21-12）
● 延长导管
● 生理盐水
● 固定用胶带（固定留置针用）

加温输血用血液，但不能超过 37℃。至少也要加温至室温温度。准备输血导管。使用小儿科用输血用过滤器。也可以采用自然滴下或者输血泵。

（1）输血前受血动物的准备

为了防止过敏，给犬注射 0.2~2 mg/kg SC，IM 的二苯甲氧甲哌啶（扑热息痛），给猫注射 0.2~2 mg/kg SC，IM 的地塞米松或者盐酸二苯甲氧哌啶，在输血前 30min 进行注射。

在静脉内设置留置针进行输液。不过输血前的预防有时无效，此时按照兽医师的要求去做。

对猫注射盐酸二苯甲氧哌啶有容易发生呕吐的副作用，因此，推荐使用地塞米松。

（2）对受血动物在输血过程的监控

输血前测定 TPR。在输血后的 30min 内每隔 10min 测定一次，然后每 30min 测定一次 TR。

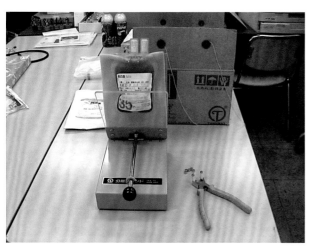

图 21-13 分离器，离心后将血浆和浓缩的红细胞分离的器具

图 21-14 暂时保存的输血用血液

输血开始后，在最初的 30min 内以 0.5ml/（kg·h）进行实验性缓慢输血，观察有无副作用。然后，以不超过 10ml/（kg·h）的速度输血。在心脏病患者，以 4ml/（kg·h）以下的速度输血。可能的话进行心电监控。

在体温增加 0.8℃ 以上，心搏数、呼吸数增加 20% 以上场合，应考虑即时型输血反应。应终止输血，进行抗过敏疗法。要注意呼吸窘迫，频脉，呕吐，下痢，荨麻疹以及血尿等情况。在大量输血时有必要注意高血 K 症，低血 Ca 症。

完成输血后，为了不浪费输血管内残留血液，应完全注入受血动物血管，将连接输血袋的输血管连接上生理盐水输液袋，将输血管内的血液全部冲入血管。

另外关于输血用血液的暂时保存条件，用冰箱将新鲜全血（FWB），保存全血（SWB），高浓度红细胞（CRC）在 6℃ 以下保存。上格是猫，下格是犬的输血用血液（图 21-14）。

使用专用冰箱保存其他物品。

> **误咽或者呕吐**

请参见第 22 章输血（内田惠子），其中有更为详细的说明。

内田惠子（AC 大厦苅谷动物医院 市川桥医院）

技术要领、要点

- 对于献血动物的预先管理虽有必要但不易操作，作为动物医院护士的工作要切实做好对院内动物的健康管理工作。
- 关于采血时的保定，为了不使献血动物产生应激，通常要和院内动物一起参加活动。构筑人和动物之间的信赖关系是最重要的事情。
- 开始配型实验不合格时，在寻找合适的血液之前，要再进行 2 次或 3 次配型实验。此时受血方的检测样本血液不够时，不得不再次对状态不好的患者采血，由于配型实验有可能进行几次，因此，从开始就应该采集足量的配型实验血液样本。
- 即使配型实验合格，也极有可能发生副作用，因此，输血过程的监控是重要的。关于体温测定，一定使用计时器进行认真实施。
- 在输血管内流通血液时，首先要在过滤器内注满血液，使其充分发挥滤除凝血块的功能。

决定输血

抗癌药以及向动物主人说明

随着所有伴侣动物寿命的延长，因罹患癌症来院诊治的动物越来越多。对于癌症的治疗有各种方法供选择，本章介绍的抗癌药也是备选方案之一。对于抗癌剂治疗的适应症、动物的状态等进行充分考虑并正确使用抗癌药的话，可以期待获得改善患病动物症状，提高生存质量的效果。

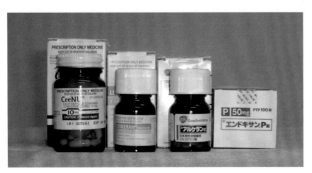

图 22-1-1　抗癌药，口服

图 22-1-2　抗癌药，注射用

备品

- 肿瘤学专业书
- 血液学检查（CBC）相关器具
- 血液化学检查相关器具
- 静脉留置针用具组合
- 输液相关器具
- 预防副作用药品
- 治疗副作用药品
- 急救包
- 各种抗癌药（图 22-1-1，图 22-1-2）
- 口罩、手套等保护操作者的用品
- 介绍使用抗癌药效果及副作用的专业书籍
- 同意使用抗癌药的证明文件（图 22-2）

技术顺序

抗癌药是具有损伤细胞作用的药品，由于各种药品的性质不同所产生的副作用也各种各样，因此，当使用抗癌药时，兽医师要充分注意并仔细探讨，有关知识和技能是必不可少的。

另外，对于进行治疗操作的动物医院护士，有关抗癌药的操作方法或者对用药动物的观察要点等也应具备相应知识和技能。在本章对有关抗癌药应具备的基本知识，以及动物医院护士向动物主人要说明的有关事项进行介绍如下。

> **癌症、癌变和肉瘤**

→这里所说的癌症是指癌变、肉瘤、造血系统肿瘤等所有恶性肿瘤的用语。汉字标记的癌一般是指上皮恶性肿瘤，肉瘤是指非上皮性恶性肿瘤。

1. 所谓抗癌药

　　抗癌药是损伤细胞的物质，并不只是针对癌细胞进行攻击。由于抗癌药主要攻击目标是分裂旺盛的细胞，因此，其对癌细胞也产生攻击作用，这是抗癌药的主要治疗方法，由于一起受到攻击的正常细胞所属的位置不同，抗癌药所表现的副作用也多种多样。

　　抗癌药种类很多，其适应症、用法、副作用等也各不相同。但是所有抗癌药的共同特性是错误使用会危及生命。当开具在家庭口服型抗癌药时，要避免处方错误或者传达错误，要充分注意到抗癌药是需要认真对待，不能马虎的药品（图 22-1-1，图 22-1-2）。

　　另外，即使不服用抗癌药，直接接触抗癌药，或接触了服用抗癌药动物的粪尿中排泄的代谢物质等，也会影响正常的细胞（每次接触会逐渐地产生影响）。

　　因此，在操作抗癌药时，有必要保护其他人和动物免受抗癌药影响。就是说将抗癌药对动物医院工作人员以及服用抗癌药动物的主人，受抗癌药的影响减少到最低限度，同时在操作抗癌药时应特别注意，并且要明确告知动物主人抗癌药是需要在指导下使用的药物。

2. 所谓抗癌药的副作用

　　抗癌药的种类不同，可能发生的副作用也有差别。代表性的副作用是抑制骨髓造血功能（血细胞减少），消化功能障碍（下痢或者呕吐，食欲不振），脱毛（某些犬种在使用抗癌药时，经常见到脱毛情况）等。另外，泌尿器官毒性（出血性膀胱炎，肾功能障碍等），心脏毒性，肝脏毒性，呼吸器官毒性（肺纤维化），过敏反应（过敏，变态反应），由于血管渗出造成的组织坏死等多种多样的副作用。由于使用不同的抗癌

使用抗癌药同意书

所谓抗癌药：抗癌剂=细胞毒性药物。虽然称为抗癌剂，但其作用绝非仅针对癌症。对于正常细胞也会一同发挥毒性作用（副作用）。特别是对分裂旺盛的细胞毒性更大，因此，对骨髓、消化道具有毒性作用（不同的抗癌药副作用不尽相同）。癌细胞也是分裂旺盛的细胞团块，故希望受到抗癌剂毒性的抑杀作用（抗癌作用）。

副作用的发生率：由于抗癌剂的给药计划不同而不同（具体说明）。
副作用有个体差别，有出现比预料高得多的副作用的可能性。
将能够确认的所有的重度的副作用情况归纳如下。
（1）必须入院治疗的副作用发生率为5%以下，不过确实发生过如此严重的副作用。
（2）导致死亡的副作用发生率为1%以下，不过确实发生过如此严重的副作用。

本次使用抗癌药可期待的疗效（5分制；5分为最希望的效果）。
□ 5分：像淋巴肿瘤这样的癌症使用抗癌药是第一选择。
□ 4分：像淋巴肿瘤这样的癌症使用抗癌药是第一选择。可是由于发生的部位、细胞类型以及发展阶段，预期的效果会打折扣。
□ 3分：说到底这是一种辅助性的治疗手段，作为可信度较高的文献报告，有某种程度的治疗效果。
□ 2分：说到底这是一种辅助性的治疗手段，缺乏文献上的数据支撑，可是根据研究人员的研究结果不应该没有作用。
□ 1分：几乎没有效果。

※分值越高，相比由于发生副作用而出现的风险来说，期待的出现理想治疗效果的概率更大，但是，在分值低的场合也可能出现这种情况，即只出现副作用而未见治疗作用。

对于我的伴侣动物发生的恶性肿瘤，关于其性质和治疗的有关事项已获得了信息资料，以及接受上述说明，同意选择抗癌剂进行治疗，特此证明。
委托者姓名 ＿＿＿＿＿＿＿＿＿＿＿＿＿印章
委托者住址 ＿＿＿＿＿＿＿＿＿＿＿＿＿
电话号码 ＿＿＿＿＿＿＿＿＿＿＿＿＿
紧急联络方式 ＿＿＿＿＿＿＿＿＿＿＿＿＿
另外，将此同意书视为家庭全体成员都同意使用抗癌剂进行治疗。

图 22-2　同意使用抗癌药的证明文件

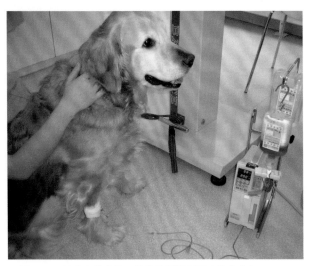

图22-3 给药中的监控。静脉注射阿霉素（抗癌药）

2007/07/09	药物说明	1

药物名称
环磷酰胺

分类
口服（抗癌药）

保健○
使用单位

使用方法
隔 一日 次 服用

效能 效果
适应症：淋巴肿瘤等

注意事项：
请不要直接接触药物。
请不要直接接触服药当天或者第二天的排泄物。

副作用
骨髓抑制，胃肠损害，出血性膀胱炎，脱毛

艾尼口木动物保健……　　　○: 对象/△: 根据用途/ (空格) : 对象外

真驹内动物医院
邮编005-0012 扎幌市南区真驹内上町5-4-2
电话 011-582-8111 传真 011-582-8100
兽医师 山下 时明

图22-4 药的说明书（例子）

药，服药后的注意事项也不尽相同，因此，要遵照兽医师的指示行事。

另外请记住，抗癌药也是（如果正确使用）副作用会减少到最低程度的药物。实际上严重的副作用（有必要进行入院治疗，到了关乎生命的程度的副作用）出现的概率是很低的。

> **"如何正确使用"之含义**
>
> 主治的兽医师是否熟知给药方法，是否清楚安全给药的标准并对其能够准确判断，对给药后预料的事项，以及为了有效应对而制定的必要的检查计划等内容是否清楚，在熟悉副作用的应对措施基础上能否采取适当的治疗措施，加之进行实际治疗操作的动物医院护士是否尽职尽责细心操作，也包括动物主人的协助与配合。

3. 注意要点和动物医院护士对动物主人所做的说明

（1）选择治疗方法之前

兽医师对建议用抗癌药进行治疗的动物主人，要详尽说明疾病详情，希望得到的治疗效果，可以预料到的副作用等。但是即使是接受了详尽说明的动物主人，恐惧和不安心情是可以想象到的，在这种不安情绪支配下，动物主人也可能向动物医院护士求教。所以对于承担具体治疗工作的护士，当然要充分理解兽医师所做说明的内容。

笔者为了使动物主人充分理解说明的内容，将说明建议的内容做成文件资料交给动物主人，同时也请护士确认此文件内容，以求加深理解。

多数动物主人对抗癌药表示抵抗情绪。如果不打消这种抗拒和不安的心理，将限制治疗方法的选择。动物医院护士在前台等场所和动物主人进行交谈时，不能助长这种不安情绪，并且禁止不负责任的语言。在很好理解说明内容的基础上进行冷静的应对。

（2）治疗开始时

决定使用抗癌药后，要将该动物按照何种日程安排治疗或者来院检查的概要，和主治兽医师充分沟通并完全理解。并且不要忘记对来院时注意事项等（来院时要禁食早餐等），要详细传达给动物主人。并且在进行预约投药时，要确认是否遵守预约时的约定事项之后再进行预约。

（3）在院内注射给药时的注意事项

只能进行注射给药剂型的抗癌药也很多。不同的药物给药途径也不相同，无论如何在进行抗癌药给药时一定要确实保定动物，特别是在只能进行静脉注射给药的药物，有些药物绝对不能漏出血管外（因为能引起严重的组织坏死），在这种场合做静脉留置针时要特别注意对动物的保定。而且在进行这类药物静脉注射时，在投药开始后也要认真地确认药物是否漏出血管。像这样的场合，笔者或是邀请畜主一同监视，或者额外添加护士进行操作，所有这些措施都是为了在完成投药之前进行严密的监控（图22-3）。

（4）要求在家里投药的场合

抗癌药也有在家里口服给药的剂型。有关该药的用量、给要间隔、给药方法、给药后的注意事项等，当然兽医师直接向动物主人进行详细的说明是必需的，动物医院护士也要掌握其内容，在前台将药交给动物主人时，有必要再次加以细心嘱咐。此时绝不能出现传达错误。笔者将给动物主人的药物说明做成详细的说明文件（图22-4），要求护士看着文件进行说明（图22-5）。

（5）给药后

兽医师对于给药后能预料到的副作用也要向动物主人详尽说明，动物医院护士也要掌握，然后将注意哪些要点为好、有问题请及时联系等事项向动物主人传达清楚。抗癌药的种类以及动物的身体状况不同，注意事项也有所不同，因此，根据具体情况有必要和兽医师进行沟通。

（6）如果出现给药后异常的投诉

当动物主人打电话投诉服用抗癌药后出现异常情况时，即使觉得有些问题琐碎，也要将全部内容向兽医师转达。如果认为有必要来院查明情况，请直接要求来院检查。不过此时一定不要讲会引起不安情绪的话，应该冷静采取处理措施。

图 22-5　由动物医院护士向动物主人说明

 技术要领、要点

● 要充分理解抗癌药是损伤细胞的物质，有必要在使用时认真、仔细操作。

● 充分理解对患病动物建议使用抗癌药的原因，治疗或者检查的日程安排注意事项等的主要内容。

● 一定注意动物医院护士向动物主人提出的建议内容不要出现错误。

● 要经常注意向兽医师报告的内容不要出错。

● 采取应对措施时要带有紧迫感，要养成再次确认的习惯。

 向兽医师报告的要点

● 当得知动物主人对于治疗产生不安情绪时向兽医师报告。

● 当接到服用抗癌药后出现异常情况投诉时，立刻向兽医师汇报并听从指导。

● 当接到服用抗癌药后出现异常情况投诉时，要将从何时开始，出现何种异常等详细内容向兽医师报告。

● 万一出现给药量或给药间隔的标记错误，传达错误，应迅速向兽医师报告。

● 根据自己的判断解答了动物主人的疑问内容（饮食等），向兽医师报告或者在病历上做记录。

图 22-6　保护操作者

图 22-7　保护操作者，对抗癌药给药当日排泄物的处理

to family　向动物主人传达的要点

● 要经常注意不发生给药量或者给药间隔等的记录错误、传达错误。

● 要说明不能直接接触抗癌药。

● 要说明不能直接接触抗癌药投药当日动物的排泄物（或者第 2 天以内的排泄物）。

● 关于抗癌药给药后的异常情况，即使是琐碎的小事情也要及时联络。

● 如果有下次治疗或者检查的日程安排，请别忘记准确传达给动物主人来院时的注意事项、准备等。

（7）保护操作者

如前所述，为了保护自己，要想办法将抗癌剂的影响缩小到最低程度。首先在准备抗癌药时不要直接接触，要带上口罩、面罩以及橡胶手套等（图 22-6）。与工作人员一样，为了将抗癌药对动物主人的影响降低到最低限度，要提出确切的指导意见。当处方中开出家庭口服抗癌药时，要明确指出不能直接接触药物，要带上口罩、面罩、橡胶手套后再行操作。

对于服用抗癌药的动物可经粪便排泄代谢产物。因此，为了保护操作者，不能用手直接接触当天的排泄物（或者第 2 天以内的排泄物），在清扫时也要带上口罩和手套（图 22-7）。

另外，在院内注射抗癌药当天，当动物回家时，或者在家里口服给药时，也当然要向动物主人明确表述上述注意事项。

为了不出错

关于使用抗癌药出现错误导致死亡的情况很多见，因此，一定注意避免出现错误，可以预料到的有关动物医院护士出现错误的情况，错误解释兽医师的指示，检查技术错误，检查结果等的报告记录错误，保定错误，在抗癌剂给药中监控动物出现错误，在根据处方操作时给药量或者给药间隔记录错误，指导动物主人出现错误，传达动物主人投诉出现错误等很多错误。在采取处理措施时要有紧迫感，要养成再次确认的好习惯。

山下时明（真驹内动物医院）

索引

伴侣动物 …………………………………………… 2
动物介导活动 ……………………………………… 2
动物介导疗法 ……………………………………… 2
人与动物依存关系 ………………………………… 2
健康管理 ……………………………………… 3、52
动物介导教育法 …………………………………… 3
5W2H ………………………………………………… 4
调教 ……………………………………………… 8、10
外部寄生虫 ………………………………………… 9
避孕、去势手术 …………………………………… 10
疫苗 ………………………………………………… 9
幸福讲座 …………………………………………… 11
口腔护理 ……………………………………… 9、94
丝虫病 ……………………………………………… 9
剧药 …………………………………………… 14、15
精神类药物 …………………………………… 14、15
毒药 …………………………………………… 14、15
麻醉药 ………………………………………… 14、15
外侧伏静脉 ……………………………… 15、24、117
桡侧皮静脉 ……………………………… 15、24、117
球虫 ………………………………………………… 27
饱和盐水漂浮法 …………………………………… 27
硫酸锌离漂浮法 …………………………………… 27
粪便涂片染色 ……………………………………… 28
尿检试纸 …………………………………………… 29
颗粒管型 …………………………………………… 30
硫酸钙结晶 ………………………………………… 30
草酸钙 ……………………………………………… 31
吉瑞氏染色 ………………………………………… 32
糖稀状红细胞 ……………………………………… 33
自身凝集 …………………………………………… 33
自身免疫性贫血 ……………………………… 33、35
幼稚红细胞 ………………………………………… 34
大小不等 …………………………………………… 34
多染性 ……………………………………………… 34
海因茨小体 ………………………………………… 34
何—乔氏小体 ……………………………………… 34
吉氏巴贝斯虫 ……………………………………… 34
贫血 …………………………………………… 34、142
血液原虫 …………………………………………… 34
有核红细胞 ………………………………………… 34
球状红细胞 ………………………………………… 35
正常红细胞中部凹陷 ……………………………… 35
罩状红细胞 ………………………………………… 35
免疫介导向溶血性贫血（IHA）…………………… 35
杆状核白细胞 ……………………………………… 37
后骨髓细胞 ………………………………………… 37

骨髓细胞 …………………………………………… 37
核左移 ……………………………………………… 37
前骨髓细胞 ………………………………………… 37
分叶核嗜中性白细胞 ……………………………… 37
浓染颗粒 …………………………………………… 35
包涵体颗粒 ………………………………………… 37
不能分离幼稚细胞 ………………………………… 40
化脓性炎症 ………………………………………… 42
嗜酸性靶细胞炎症 ………………………………… 43
肉芽肿性炎症 ……………………………………… 43
包涵体 ……………………………………………… 41
过度形成 …………………………………………… 44
癌性胸膜炎 ………………………………………… 44
粘膜上皮细胞 ………………………………… 44、45
淋巴结反应性形成过度 …………………………… 44
肥大细胞 …………………………………………… 46
多核巨细胞 ………………………………………… 47
异形核小体 ………………………………………… 47
多核细胞 …………………………………………… 48
印环细胞 …………………………………………… 50
角质蛋白 …………………………………………… 51
嗜碱性颗粒 ………………………………………… 51
脂肪空泡 …………………………………………… 51
黑色素颗粒 ………………………………………… 51
整形外科手术 ……………………………………… 52
术前检查 …………………………………………… 52
定期健康检查 ……………………………………… 52
抗凝剂 ……………………………………………… 63
枸橼酸 ……………………………………………… 64
肝素 ………………………………………………… 64
EDTA ……………………………………………… 64
甲醛 …………………………………………… 65、66
纤维蛋白 ……………………………………… 66、67
培养基和培养样本组合 …………………………… 68
胶片 …………………………………………… 70~82
X 光片盒 …………………………………………… 71
聚光栅 ……………………………………………… 71
散射线 ……………………………………………… 71
增感屏 ……………………………………………… 71
超声波探头 ………………………………………… 83
心电图 ………………………………………… 84、100
眼压 ………………………………………………… 86
眼科检查 …………………………………………… 86
检眼镜 ……………………………………………… 86
裂隙灯显微镜 ……………………………………… 86
正像检眼镜 ………………………………………… 87
倒像检眼镜 ………………………………………… 88

全视检眼睛·····································88

定量试纸泪液检查·······························89

角膜上皮染色检查·······························90

眼软膏··91

点眼液··91

乳齿残留···································95、96

咬合不正·······································96

齿科处置·······································97

口腔检查·······································97

家庭口腔护理···································99

氧气导管······································100

血压···100

呼吸数·······································102

心搏数·······································102

生理检测仪····································100

体温···100

动脉血氧分压··································100

动脉血分压····································100

脉搏···102

手压气囊······································101

气管导管······································101

酸碱平衡································103、138

发绀···103

毛细血管再充血时间（CRT）·····················103

藻酸包扎材料·····················106、108、109

包扎···106

保湿绷带······································106

卷轴胶带······································106

清创···109

肉芽组织······································109

引流···110

不良肉芽组织··································111

输液···112

体液管理······································113

脱水···113

细胞外液（ECF）·······························114

生理盐水······································114

碳酸氢钠······································114

乳酸林格尔液··································114

林格尔液······································114

胶体渗透压····································115

皮肤弹性······································116

输液量·······································116

BER···116

外侧伏静脉····································117

内侧伏静脉····································117

处方签·······································120

BID···121

IM··121

IV··121

PO··121

QID···121

SID···121

TID···121

药片分割器····································123

SpO₂··103

食疗···128

体重管理（BCS）··························128、135

胃导管·······································130

经鼻食管导管··································130

食管导管······································130

肠道营养食品··································131

食管扩张症····································133

肾上腺素································137、138

阿托品··································136、141

气管插管······································137

呼气二氧化碳浓度·······························140

人工呼吸······································138

心脏按摩······································138

ETCO2·······································140

NIBP··140

口服···································125、148

心肺停止······································140

凝血障碍······································142

新鲜全血······································142

新鲜冷冻血浆··································142

高浓度红细胞液································142

低蛋白血症····································142

冷冻血浆······································142

高浓度红细胞··································142

保存全血······································147

输血···142

配型···145

盐酸二苯甲氧哌啶·······························146

过敏···································146,149

地塞米松······································146

癌变···149

癌···149

肉瘤···149

骨髓抑制······································150

出血性膀胱炎··································150

执笔者一览

[主编]

石田卓夫	一般社团法人　日本临床兽医学论坛会长

[编者]

安部胜裕	安部动物医院，东京都
石田卓夫	赤坂动物医院（医疗主管），东京都
入江充洋	入江动物医院，香川县
打江和歌子	赤坂动物医院（临床检查技师），东京都
内田惠子	AC 大厦苅谷动物医院 市川桥医院，千叶县
大村知之	大村动物医院，东京都
茅沼秀树	麻布大学兽医学部兽医放射学研究室，神奈川县
苅谷和广	AC 大厦苅谷动物医院，东京都
草野道夫	草野动物医院，琦玉县
柴内晶子	赤坂动物医院，东京都
竹内和义	竹内动物医院，神奈川县
竹内晶子	赤坂动物医院（JAHA 认定 1 级动物医院护士），东京都
户田　功	户田动物医院，东京都
长江秀之	长江动物医院，东京都
村田香织	桃木动物医院，东京都
山下时明	真驹内动物医院，北海道
山本刚和	动物医院，东京都
吉村德裕	吉村动物医院，爱知县

图书在版编目（CIP）数据

动物医院基本临床技术 /（日）石田卓夫主编；任晓明译 .—北京：
中国农业科学技术出版社，2014.1

ISBN 978-7-5116-1391-2

Ⅰ.①动…　Ⅱ.①石…　②任…　Ⅲ.①动物疾病－诊
疗　Ⅳ.① S85

中国版本图书馆 CIP 数据核字（2013）第 233049 号

DOUBUTSU BYOUIN NURSE NO TAME NO RINSHOU TECHNIC

ⓒ TAKUO ISHIDA 2007

Originally published in Japan in 2007 by Midori Shobo Co.,Ltd.

责任编辑　徐　毅　张志花
责任校对　贾晓红

出 版 者　中国农业科学技术出版社
　　　　　北京市中关村南大街 12 号　　　邮编：100081
电　　话　（010）82106636（编辑室）　　（010）82109702（发行部）
　　　　　（010）82109709（读者服务部）
传　　真　（010）82106631
网　　址　http://www.castp.cn
经 销 者　各地新华书店
印 刷 者　北京华联印刷有限公司
开　　本　889mm×1194mm　1/16
印　　张　10
字　　数　218 千字
版　　次　2014 年 1 月第 1 版　2014 年 1 月第 1 次印刷
定　　价　160.00 元